ゼロからわかる！

みるみる

数字に

強くなる

完全ドリル

Team.StoryG 著　オ・ヨンア 訳

マガジンハウス

はじめに

この本は、みるみる数字が好きになってしまう、書き込み式のドリルです。韓国で生まれて人気になり、海を渡って日本にやってきました。

人気のひみつは、ドリル全体がとにかく楽しいことにあります。

このドリルをぱらぱらとめくってみてください。

かわいいイラストと、マンガのように人物や動物の吹き出しで読める解説文、色彩豊かな表や図が目に飛び込んできます。このドリルなら、「苦手だなあ」と思っていた数字やふしぎな記号たちも、これまでよりもずっと親しみをもってあなたに語りかけてくれるでしょう。

また、無理のないペースで学習を進めていけることも大きな特徴です。5つの章は、日常生活のさまざまな場面で役立つ"数"に関する内容で構成されています。章のなかでは、各項目の基本的な知識や考え方を説明したあとに基礎問題を解き、それができたら応用問題……という具合にステップアップしていきます。問題数は決して多くないので、1日1～2ページずつを目安に、コツコツと進めるくらいがぴったりです。

算数・数学の言っていることを理解するためには、数を通じてどんな世界をわたしたちに見せようとしているのかを理解しなければなりません。

すべての算数・数学的な事実は、わたしたちが暮らす世界を説明するために存在しています。イラストや図を交えて数とふれあい、実際に問題を解いていくうちに、そのおもしろさが必ず見えてくるでしょう。

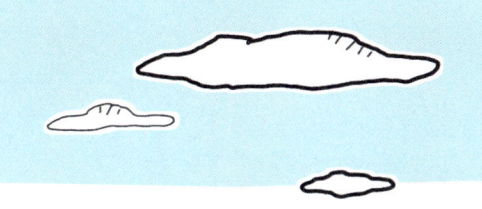

このドリルについて

● **小学校高学年から大人まで、ずっと使える！**

中学や高校で初めて習う用語なども出てきますが、学習レベルとしては小学校5年生くらいからが目安です。算数・数学の授業の予習、復習から、大人の学び直しまで、幅広く役立つ内容です。

● **小さな理解を積み重ねていって論理的な思考をのばす！**

章のなかにある1〜38の各単元の冒頭には、基本的な知識や考え方の要点をギュッとまとめています。要点をおさえてから学習することで、それぞれの項目を段階的に学べる内容になっています。

● **直接書きこめる！**

どんどん書きこんで使ってみてください。計算式を余白に書くなどして、自分らしい使い方で学習してください。

● **本書は同シリーズの学習マンガ『ゼロからわかる！　みるみる数字に強くなるマンガ』があります。マンガを読んでから取り組むとより理解を深められるでしょう。**

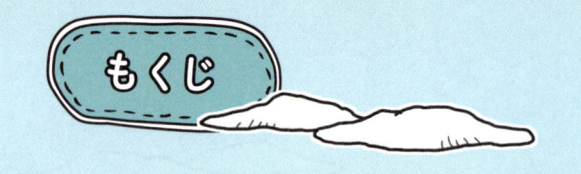

もくじ

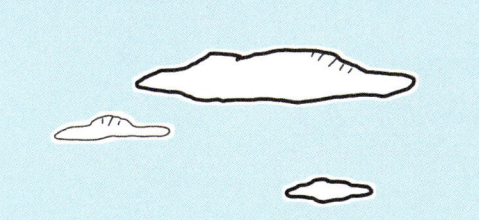

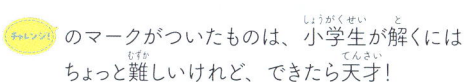

チャレンジ！ のマークがついたものは、小学生が解くには
ちょっと難しいけれど、できたら天才！

『みるみる数字に強くなるマンガ』は
もう読んだかな？

『みるみる数字に強くなるマンガ』は、
算数・数学の基礎をわかりやすく説明してくれる、
小学校からの数の勉強が楽しくなるマンガなのです。

え、なになに？
算数をマンガで勉強するの？

一度開いたら、おもしろくてページを
めくる手がとまらなくなっちゃうんだから！

数って…　おもしろい！

そこで今度は、みんなが数学の実力を
アップできるようなドリルをつくったのです。

今度は　　ドリルだ！

こんな質問が出てくるかもしれません。

マンガは
おもしろいけど、
ドリルはつまらな
そうだなあ……

ご心配なく！　このドリルには、子どもたちが
退屈しない仕掛けがいっぱいです。

まず問題を解く前に、マンガ本でも紹介した
数学の基本的な知識や考え方をかんたんなテキストとイラストで楽しく学びます。
もちろん、マンガを読んでいなくても大丈夫！

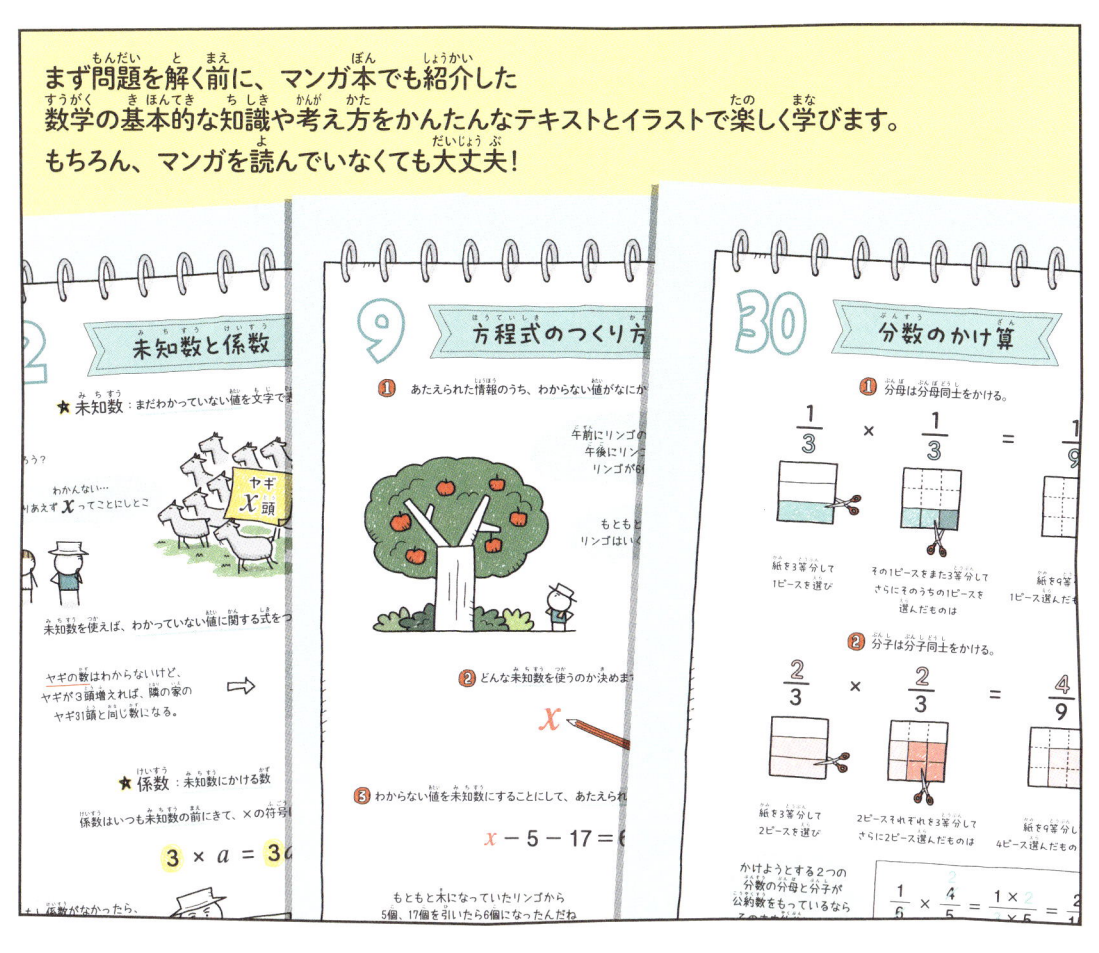

次に、基礎問題を解いて基本的な知識や考え方に慣れたあと、
ストーリーのある応用問題で数学的思考の段階をひとつひとつ高めていきます。
すると、難しい問題もスラスラ解けるようになっているはずですよ。

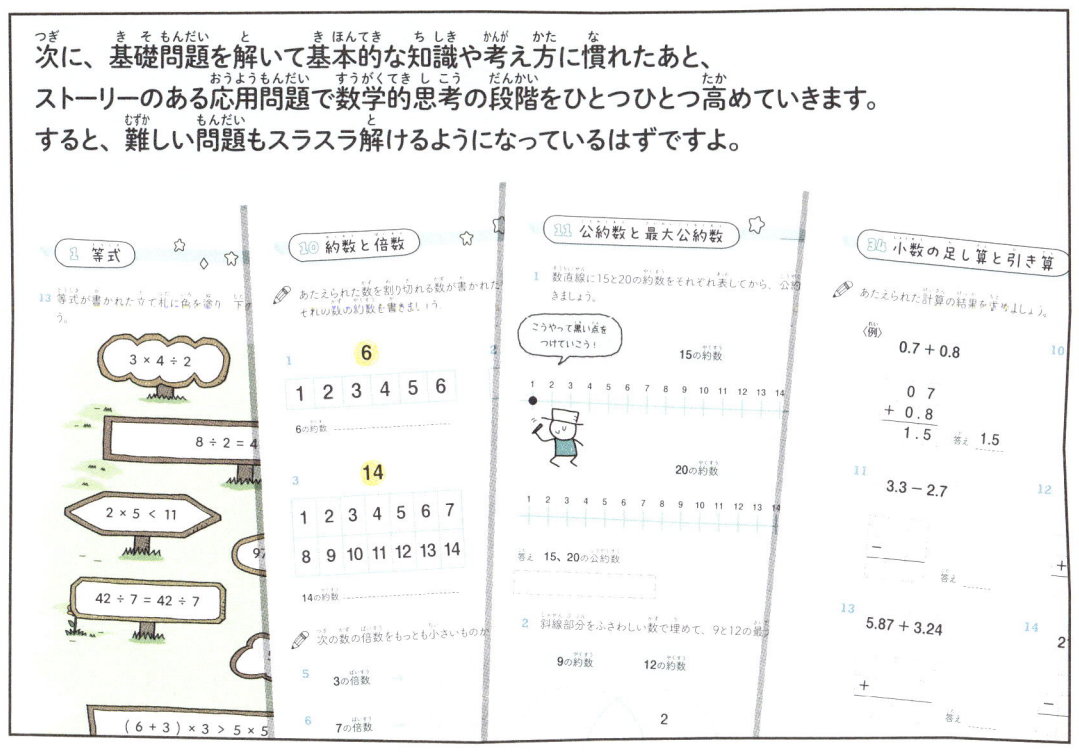

CHAPTER 1

符号の誕生

符号はお互いの関係性を示すための「記号」です。2つの数が等しいことを表したり、まだわかっていない値を表現したり求めたりするのにとても便利です。計算法則を理解して、計算式を解いたりつくったりしてみましょう。

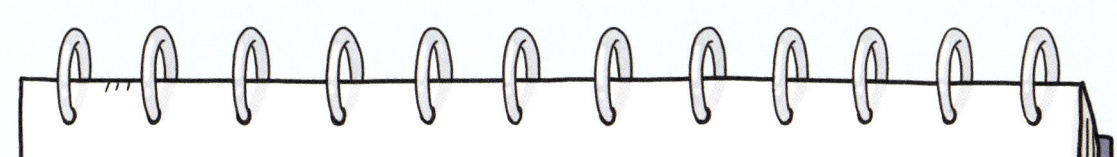

1  等式（とうしき）

★ 等式（とうしき）：2つの数（かず）や式（しき）が等（ひと）しいことを等号（とうごう）（＝）を使（つか）って表（あらわ）した式（しき）

両辺（りょうへん） {
　左辺（さへん）：等式（とうしき）で等号（とうごう）の左側（ひだりがわ）に書（か）いた数（かず）や式（しき）
　右辺（うへん）：等式（とうしき）で等号（とうごう）の右側（みぎがわ）に書（か）いた数（かず）や式（しき）
}

左辺（さへん）　　　　等号（とうごう）　　　　右辺（うへん）

$$1 + 2 = 3$$

等式（とうしき）

- -

★ 正（ただ）しい等式（とうしき）と間違（まちが）った等式（とうしき）

正（ただ）しい等式（とうしき）：左辺（さへん）の値（あたい）と右辺（うへん）の値（あたい）が等（ひと）しい等式（とうしき）

○　　$$3 × 3 = 9$$

間違（まちが）った等式（とうしき）：左辺（さへん）の値（あたい）と右辺（うへん）の値（あたい）が等（ひと）しくない等式（とうしき）

×　　$$3 × 3 = 10$$

こっちが間違（まちが）いだな

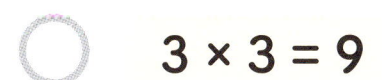

解答は184ページ ▶▶

 次の等式で、左辺と右辺をそれぞれ書きましょう。

1

$$3 \times 10 = 30$$

左辺 _____ , 右辺 _____

2

$$8 = 8$$

左辺 _____ , 右辺 _____

3

$$4 = 12 \div 3$$

左辺 _____ , 右辺 _____

4

$$5 \times 5 - 2 = 23$$

左辺 _____ , 右辺 _____

5

$$2 + 2 = 4$$

左辺 _____ , 右辺 _____

6

$$10 = 100 \div 10$$

左辺 _____ , 右辺 _____

7

$$6 + 1 = 1 + 6$$

左辺 _____ , 右辺 _____

8

$$1 + 2 + 3 = 3 + 2 + 1$$

左辺 _____ , 右辺 _____

9

$$8 \times 3 \div 2 = 12$$

左辺 _____ , 右辺 _____

10

$$199 + 1 = 201 - 1$$

左辺 _____ , 右辺 _____

11

$$0 = 10 - 10$$

左辺 _____ , 右辺 _____

12

$$0 = 4 \times 7 \times 0$$

左辺 _____ , 右辺 _____

13 等式が書かれた立て札に色を塗り、下の□にふさわしい記号を入れましょう。

$3 × 4 ÷ 2$

$8 ÷ 2 = 4 × 4 ÷ 4$

$2 × 5 < 11$

$97 = 100 - 3$

$42 ÷ 7 = 42 ÷ 7$

$5 + 5 + 5 - 15$

$(6 + 3) × 3 > 5 × 5$

ある式が等式なのかそうでないのかは、□があるかないかを見ればいいんだ！

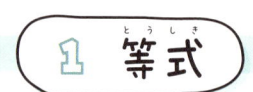 
解答は184ページ ▶▶

14 次の動物のうち、等式について話している動物を答えましょう。

37は20の2倍から、
3を引いたのとおんなじ

ウサギ

120は130よりも大きくて
140よりも小さい

アヒル

バナナ2本にバナナ1本を
足してみよう！

サル

答え ＿＿＿＿＿＿＿＿＿

次のうち、正しい等式には〇を、間違った等式には×を書きましょう。

15　　　　$10 + 5 = 14$

答え（　　　　　　　　）

16　　　　$4 \times 4 \times 4 = 32$

答え（　　　　　　　　）

17　　$100 - 47 = 53$

答え（　　　　　　　）

18　　　$25 \div 5 + 1 = 6$

答え（　　　　　　　　）

19　　$11 \times 2 = 30 - 8$

答え（　　　　　　　）

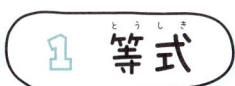

解答は184ページ ▶

✏ 次の式が正しいものになるよう、符号や数字で□を埋めましょう。このとき、足し算・引き算とかけ算・割り算がまざった式では、かけ算・割り算の計算を先に行います。

〈例〉

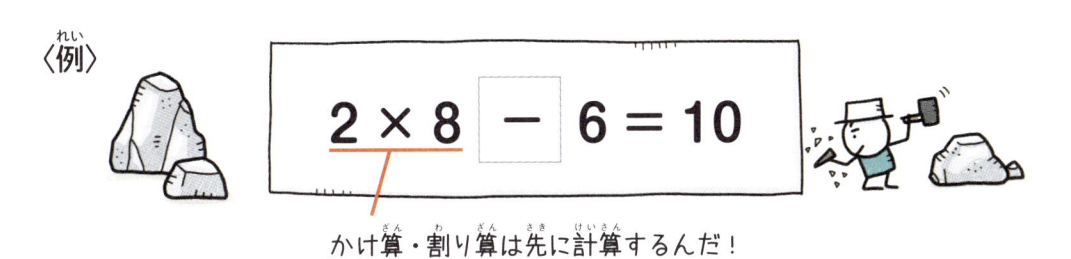

$$2 \times 8 \boxed{-} 6 = 10$$

かけ算・割り算は先に計算するんだ！

20 $1 + 1 + 9 \boxed{} 3 = 8$

21 $30 = 15 \boxed{} 15$

22 $11 \times 2 - \boxed{} = 20$

23 $4 \times 2 \boxed{} 10 - 2$

24 $4 \times 7 \boxed{} 24 + \boxed{}$

25 $5 \times 5 \boxed{} 5 = 5 \times 4$

26 $39 \boxed{} 13 + 5 = 8$

27 $6 - 6 = \boxed{} \times 100$

28 $\boxed{} + 2 = 20 - 8$

29 $39 \boxed{} 9 = 10 \times 3$

30 $2 + 4 \boxed{} 2 = 10$

31 $5 = 48 \boxed{} 6 - 3$

32 サンタクロースの話をよく聞いて、等式を完成させましょう。

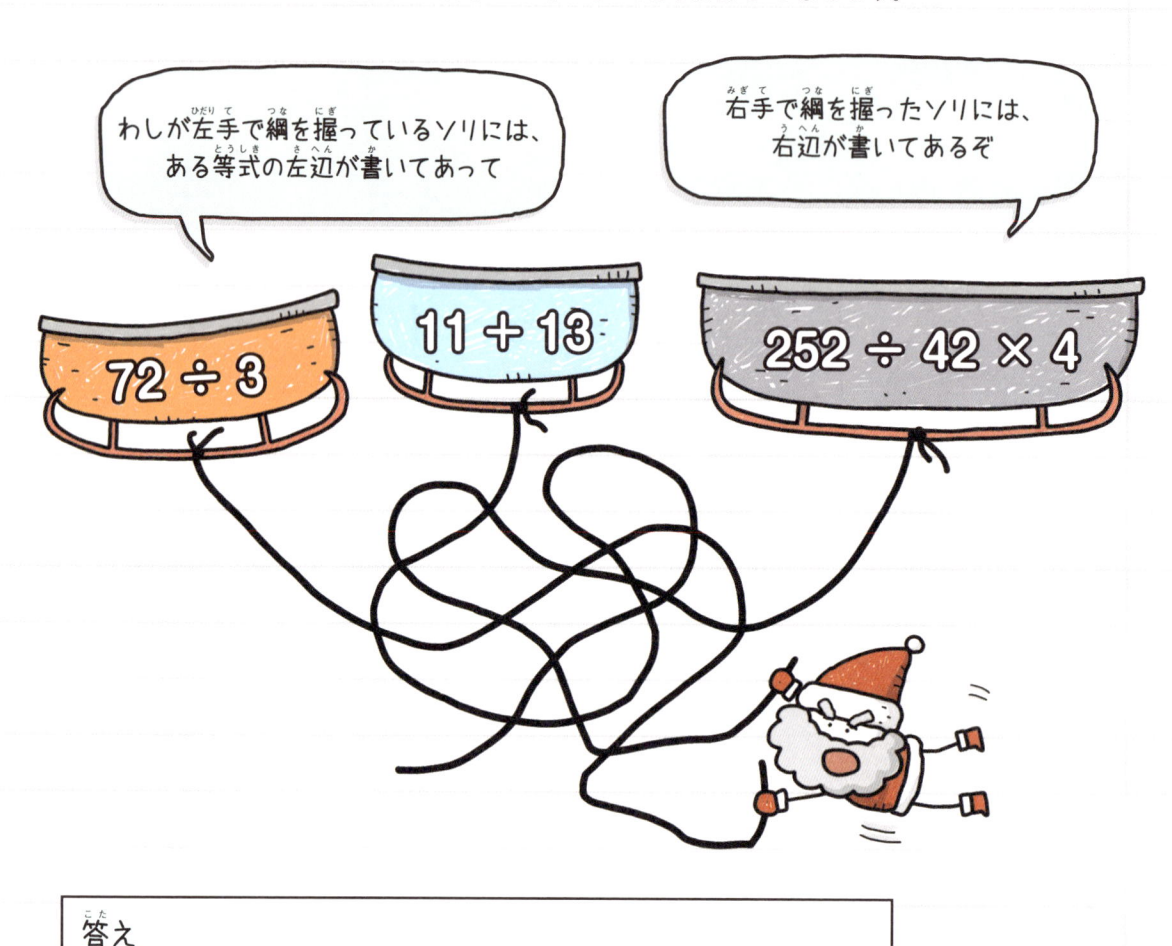

答え

33 下のカードのうち5枚を選んで並べかえ、正しい等式をつくります。必要なカードを□に並べてみましょう。

13　×　9　+　14　÷　6　=　5　2

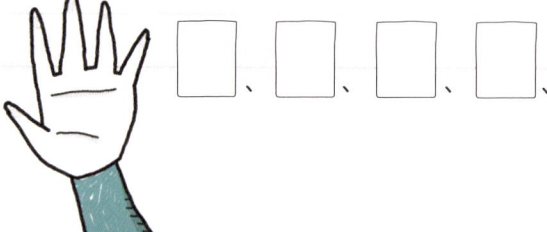

□、□、□、□、□

2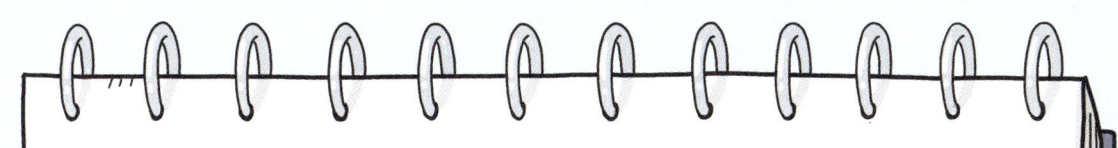
未知数と係数

★ **未知数**：まだわかっていない値を文字で表現したもの

何頭いるんだろう？

わかんない…
とりあえず x ってことにしとこ

ヤギ x 頭

x, y, z, a, b, c…
どんな文字でも未知数になれるよ。

未知数を使えば、わかっていない値に関する式をつくることができる。

ヤギの数はわからないけど、
ヤギが3頭増えれば、隣の家の
ヤギ31頭と同じ数になる。

$\Rightarrow$ $x + 3 = 31$

★ **係数**：未知数にかける数

係数はいつも未知数の前にきて、×の符号は省略できる。

$$3 \times a = 3a$$

もし係数がなかったら、
係数は1ってことだ

$a = 1a$

a と $1 \times a$ は同じだからね！

月　　　日

解答は184ページ▶▶

 次の等式で未知数と係数をそれぞれ書きましょう。

$$5 + 3x = 8$$

未知数 ___x___，係数 ___3___

1

$$2a + 1 = 5$$

未知数 _____，係数 _____

2

$$y + 5 = 6$$

未知数 _____，係数 _____

3

$$8 = 4x$$

未知数 _____，係数 _____

4

$$7b = 3 + 4$$

未知数 _____，係数 _____

5

$$10 + a = 40$$

未知数 _____，係数 _____

6

$$5 + 5x = 30$$

未知数 _____，係数 _____

7

$$24 = 12 + 4y$$

未知数 _____，係数 _____

8

$$100x = 100000$$

未知数 _____，係数 _____

9

$$14 \div 2a = 7$$

未知数 _____，係数 _____

10

$$2y = 66 \div 3$$

未知数 _____，係数 _____

② 未知数と係数

 下線部分を未知数 x とし、与えられた文章を等式に変えましょう。

11 ある値に**18**を足すと**40**になります。

12 **27**をある数で割ると**9**になります。

13 この数の**2**倍から5を引くと**17**と同じになります。

14 ある数に**30**を足したものは**96**を**3**で割ったものと同じです。

15 幼虫の説明をよく聞いて、□を埋めましょう。

この式の未知数は y だよ。
左辺にある y の係数は8で、
右辺にある y の係数は4になるんだ

$$2 + \boxed{} y = 4 \boxed{} + 10$$

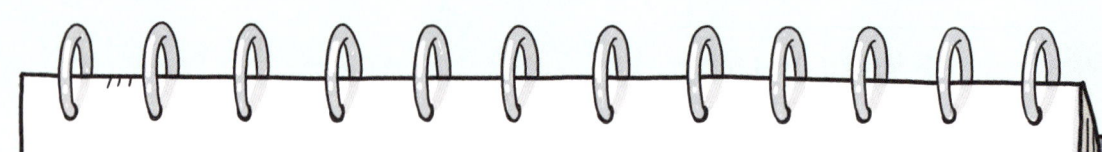

3 未知数の計算

同じ未知数を含んだ値を足すときは
係数同士、足してあげる。

$$2a + 3a = 5a$$

$$a + a \qquad a + a + a \qquad a + a + a + a + a$$

a 2個と a 3個を足すから
a 5個になるよ

同じ未知数を含んだ値を引くときは
係数同士、引いてあげる。

$$4a - 2a = 2a$$

$$a + a + a + a \qquad a + a \qquad a + a$$

4個の a から2個の a を引けば
2個の a になるね。かんたんだ!

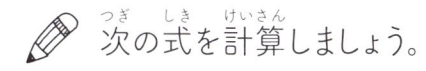

次の式を計算しましょう。

1　$5x + 2x$

= _____

2　$3x - x$

= _____

3　$y + 9y$

= _____

4　$6a + 9a$

= _____

5　$8a - 7a$

= _____

6　$4b + 3b - b$

= _____

7　$2x + x - 3x$

= _____

8　$y + 10y + y$

= _____

9　$5a + 2a - 2a$

= _____

10　$3b - b + 9b$

= _____

③ 未知数の計算

解答は184ページ ▶▶▶

11 下線を引いた「ある数」を未知数「x」として、ミナの年齢とサトミの年齢を表してから、2人の年齢を足した結果を求めましょう。

私の年はある数の2倍に5を足した数よ

私の年はある数の3倍から3を引いた数になるよ

ミナ

サトミ

ミナの年齢	サトミの年齢	2人の年齢を足した結果
=	=	=

未知数は未知数同士、
数字は数字同士、
まとめて計算してみよう！

12 次の等式が正しくなるよう、□を埋めましょう。

$$4a + 11 - a - 5 + \boxed{}a - 3 = 9a + \boxed{}$$

4 方程式と恒等式

未知数が含まれた等式は、方程式と恒等式に分けられます。

未知数が含まれた等式

方程式

未知数が
限られた値のときにのみ成り立つ
等式

例）　$x + 4 = 7$

x が1のとき →	成り立たない
x が2のとき →	成り立たない
x が3のとき →	成り立つ
x が4のとき →	成り立たない
x が5のとき →	成り立たない

恒等式

未知数が
どのような値のときにも成り立つ
等式

例）　$x + x = 2x$

x が1のとき →	成り立つ
x が2のとき →	成り立つ
x が3のとき →	成り立つ
x が4のとき →	成り立つ
x が5のとき →	成り立つ

数によって、
成り立つときもあれば
成り立たないときもあるのが
方程式なんだね

どんな数でも
成り立つのが
恒等式なんだ！

等式が成り立つ場合には○、成り立たない場合には✕を □ に書きましょう。
また、それぞれの等式が方程式か恒等式か正しいほうを○で囲みましょう。

1

$$2x + 2 = 10$$

x が1のとき → ✕

x が2のとき →

x が3のとき →

x が4のとき →

x が5のとき →

よって、この等式は
（ (方程式) ・ 恒等式 ） です。

2

$$a + 4 = 7$$

a が1のとき →

a が2のとき →

a が3のとき →

a が4のとき →

a が5のとき →

よって、この等式は
（ 方程式 ・ 恒等式 ） です。

3

$$y + 2y = 3y$$

y が1のとき →

y が2のとき →

y が3のとき →

y が4のとき →

y が5のとき →

よって、この等式は
（ 方程式 ・ 恒等式 ） です。

4

$$22 - x = 20 + 1$$

x が1のとき →

x が2のとき →

x が3のとき →

x が4のとき →

x が5のとき →

よって、この等式は
（ 方程式 ・ 恒等式 ） です。

5 次の4人のうち、<u>正しくない話</u>をしている人は誰か、答えましょう。

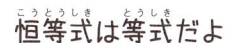

恒等式は等式だよ ぼく 	未知数が2のとき、等式が成り立たないなら、それは恒等式じゃない！ ユウキ 
方程式は未知数の値によって、成り立つか成り立たないかが決まるんだ ナオト 	この世のすべての等式は、方程式じゃなければ恒等式さ ルミ 

答え ＿＿＿＿＿＿

6 次の □ にふさわしい式を記入し、等式が成り立つ場合には○、成り立たない場合には×を書きましょう。また、この等式が方程式か恒等式か正しいほうを○で囲みましょう。

$$9 + x - 2 = 3x - x + 4$$

x の値が1ならば	$9 + 1 - 2 = 3 - 1 + 4$	である。	等式 ➡	×
x の値が2ならば		である。	等式 ➡	
x の値が3ならば		である。	等式 ➡	
x の値が4ならば		である。	等式 ➡	
x の値が5ならば		である。	等式 ➡	

よって、この等式は （ 方程式 ・ 恒等式 ） です。

4 方程式と恒等式

月　　　日

ビー玉に書かれた値を未知数に入れたとき、等式が成り立つ場合はビー玉に色を塗りましょう。また、それぞれの等式が方程式か恒等式か正しいほうを○で囲みましょう。

7

$$2 + x = x + 8 - 6$$

（ 方程式 ・ 恒等式 ）

8

$$10 + 2x - 3 = 5x - 2$$

（ 方程式 ・ 恒等式 ）

9

$$15 \div 5 + 3x = 3 \times 3$$

（ 方程式 ・ 恒等式 ）

10

$$60 \div x - 10 = 3 \times 12 - 31$$

（ 方程式 ・ 恒等式 ）

4 方程式と恒等式 ☆

解答は185ページ ▶▶

11 方程式が書かれた家をさがして○で囲みましょう。また、その方程式が成り立つように、未知数の値を下から選び、屋根の □ に記入しましょう。

$5 + 1 = 6$

$9k + 3 = 30$

$3y - y = 16$

$2a = 14 + a$

$49 ÷ 7 = 10 - 3$

7　4　14　8　3　16　2

 # 5 方程式と恒等式の条件

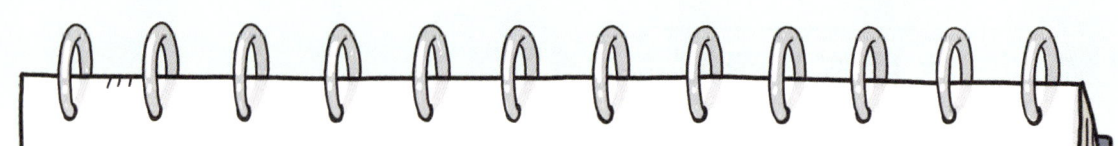

❶

恒等式を整理してかんたんにすると、左辺と右辺が同じになる。

$$x + x = 2x$$

整理すると$2x$

両辺がどうせ同じになるん
だから、xの値がなんであれ
関係なかったんだ

左辺と右辺がまったく同じ
ならば恒等式ってわけか

❷

反対に方程式は整理してかんたんにしても、左辺と右辺は必ず同じとは言えない。

$$x + x = 18$$

整理すると$2x$

未知数xの値によって
左辺と右辺が同じになる
こともあれば、
違うこともあるのが
方程式なのさ！

xが9のときだけ
この等式は成り立つ
ってことなんだね

1 黒板に書いてある式のうち、恒等式と方程式はそれぞれいくつあるか答えましょう。

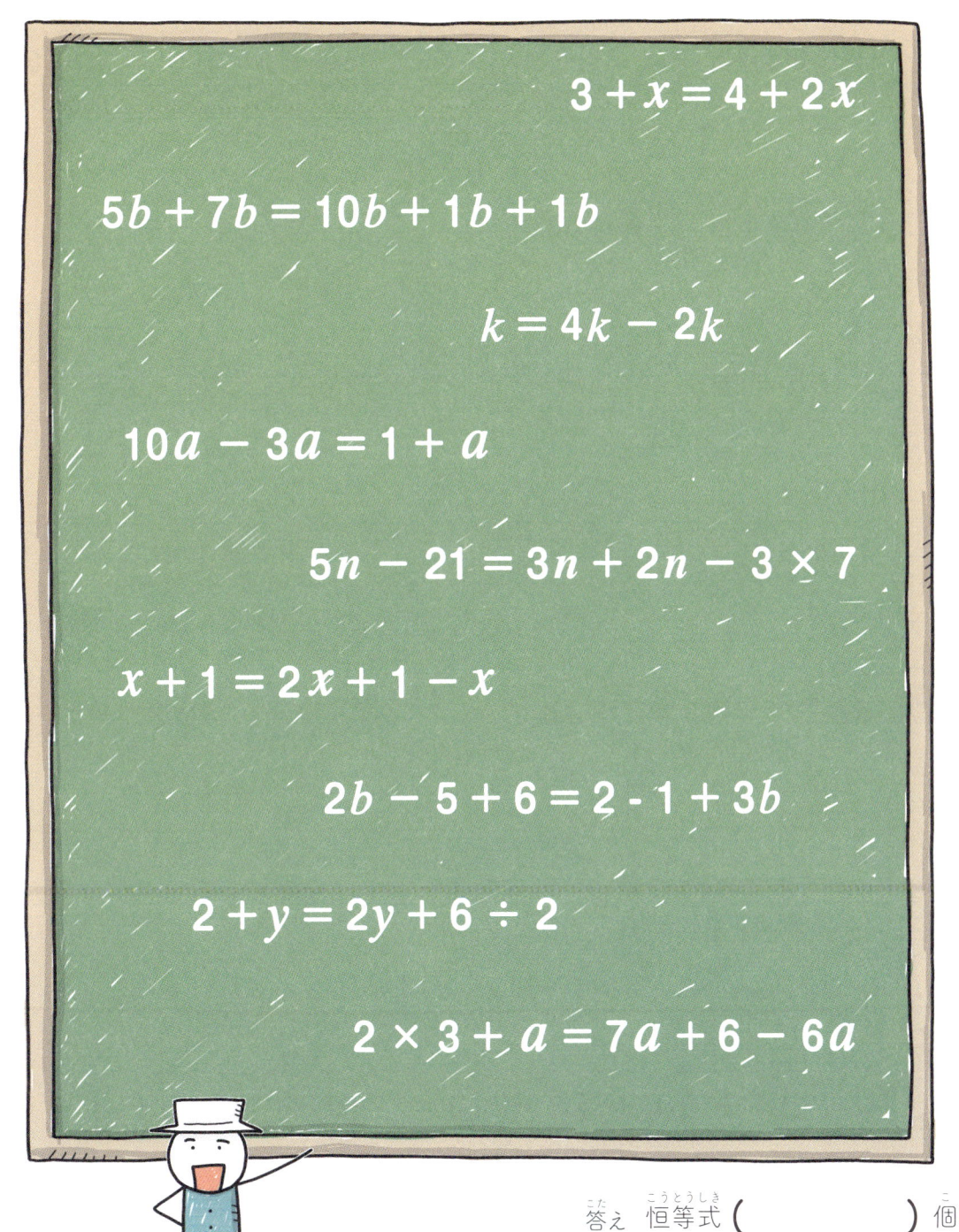

$$3 + x = 4 + 2x$$

$$5b + 7b = 10b + 1b + 1b$$

$$k = 4k - 2k$$

$$10a - 3a = 1 + a$$

$$5n - 21 = 3n + 2n - 3 \times 7$$

$$x + 1 = 2x + 1 - x$$

$$2b - 5 + 6 = 2 - 1 + 3b$$

$$2 + y = 2y + 6 \div 2$$

$$2 \times 3 + a = 7a + 6 - 6a$$

答え　恒等式 (　　　　　) 個

　　　方程式 (　　　　　) 個

月　日

解答は185ページ ▶▶

✎ 次の等式が恒等式になるよう、□に入る値を書きましょう。

2　　$x + 4 = x + \boxed{} + 2$

3　　$2a + 9 = 1 + \boxed{}\, a + 8$

4　　$2 + 5x + \boxed{} = 3 + 5x$

5　　$5y + \boxed{} = 7y$

6　　$10a = 12a - \boxed{}\, a$

7　　$3y + 4 = 3y + 6 - \boxed{}$

8　　$9 + 9b = 5 + \boxed{} + 4$

9　　$a + 1 = 8a - \boxed{}\, a + 1$

10　　$5b + \boxed{} = 4 \times 2 + 5b$

11　　$x + 2 + \boxed{} = 2x + 8 \div 4$

12 「 *a* 」を未知数として使い、等式を完成させようと思います。
　　　□に入る数の番号を①〜⑤から選びましょう。

$$1a + 2a + 3a + 4a + 10 = \boxed{}\, a + 1 + 2 + 3 + 4$$

①**3**　　②**5**　　③**10**　　④**15**　　⑤**18**

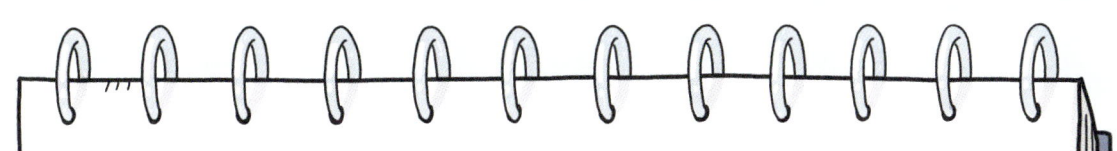

6 方程式の解

★ **方程式の解**：方程式を正しいものにする未知数の値

$$x + 2 = 5$$

x の値が3のときに方程式は正しいものになります。

方程式の解： $x = 3$

解：解く

方程式を解いて答えを
見つけるという意味から、
方程式の「解」とよぶんだよ

方程式の解を求めるいちばん単純な方法は、
方程式が正しいものになるまで
未知数の場所にいくつかの数字を入れてみることなんだ。

$$x + 2 = 5$$

x が1のとき → 成り立たない ✕

x が2のとき → 成り立たない ✕

x が3のとき → 成り立つ ○

この方程式の解は
$x = 3$ だ！

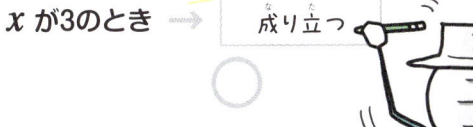

等式が成り立つ場合には○、成り立たない場合には×を□に書きましょう。また、それぞれの方程式の解を求めましょう。

1

$$a + 7 = 11$$

a の値が1のときの等式 → ×

a の値が2のときの等式 →

a の値が3のときの等式 →

a の値が4のときの等式 →

よって、上の方程式の解は $a =$ ☐ です。

2

$$3x - 10 = x$$

x の値が1のときの等式 → ×

x の値が2のときの等式 →

x の値が3のときの等式 →

x の値が4のときの等式 →

x の値が5のときの等式 →

よって、上の方程式の解は $x =$ ☐ です。

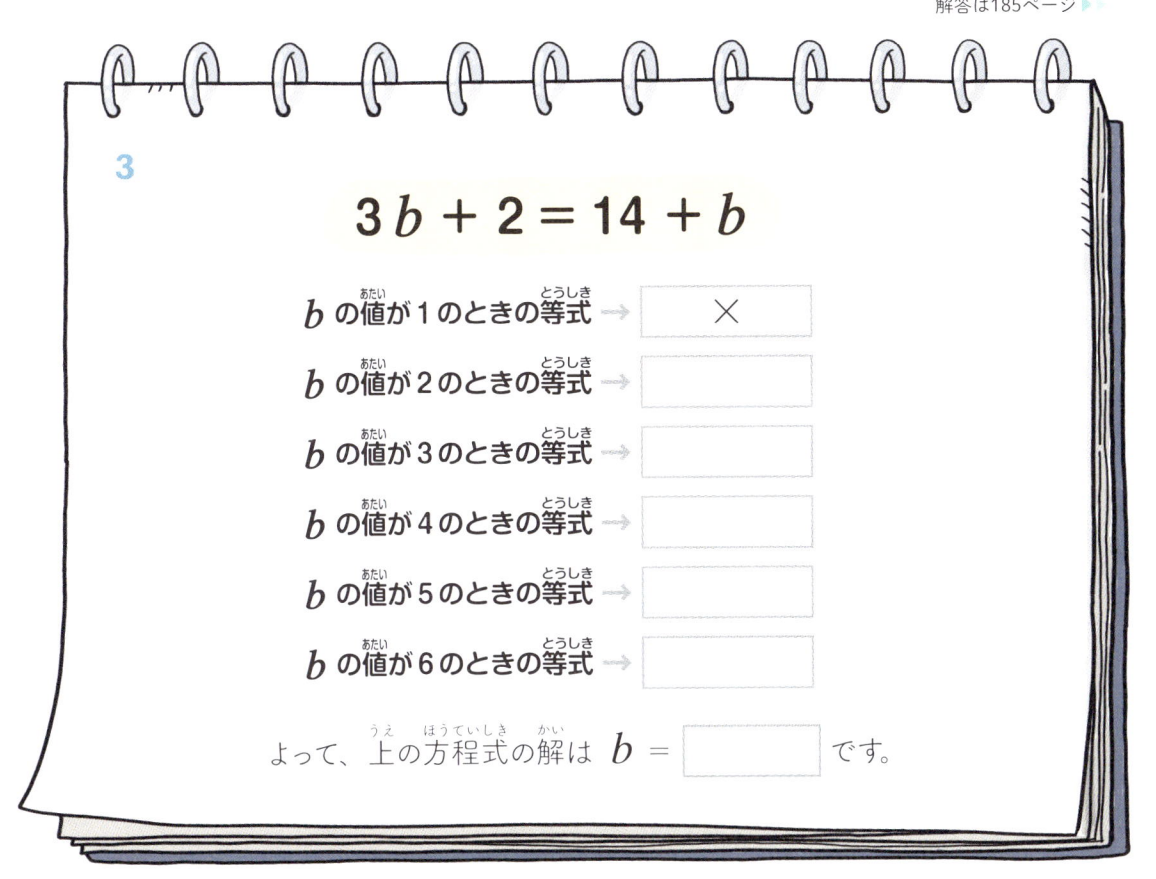

3

$$3b + 2 = 14 + b$$

b の値が1のときの等式 → ×

b の値が2のときの等式 →

b の値が3のときの等式 →

b の値が4のときの等式 →

b の値が5のときの等式 →

b の値が6のときの等式 →

よって、上の方程式の解は $b = \boxed{}$ です。

✏ それぞれの方程式の解を下から選んで書きましょう。

4　9　5　2　11　3　12　6

4　　$6 = x + 5 - 2$　　　　方程式の解：$x = \boxed{}$ です。

5　　$y \times 3 = 30 - 18$　　方程式の解：$y = \boxed{}$ です。

6　　$1 = 2b - 21$　　　　方程式の解：$b = \boxed{}$ です。

7　　$3a = 2 \times 9$　　　　方程式の解：$a = \boxed{}$ です。

8　　$48 \div x = 8 \div 2$　　方程式の解：$x = \boxed{}$ です。

31

9　次の方程式とそれぞれの方程式の解を線でつなぎましょう。

$$5 + 2x = 15$$ ・　　　・ $$x = 1$$

$$88 \div x = 22$$ ・　　　・ $$x = 7$$

$$2x \times 9 = 36$$ ・　　　・ $$x = 4$$

$$2 + x + 2 + x = 18$$ ・　　　・ $$x = 2$$

$$(x + 2) \times 4 = 12$$ ・　　　・ $$x = 5$$

10　次の方程式の解はいずれも「7」です。□にふさわしい数を入れましょう。

$$20 - b = \boxed{}$$　　　$$3x + \boxed{} = 24$$

$$53 = \boxed{}y + 4$$

$$6 + 4 - \boxed{} = a$$

$$4 = \boxed{}a - 4 \times 6$$

$$300 - \boxed{}x = 230$$

$$14 \times \boxed{} = 6y$$

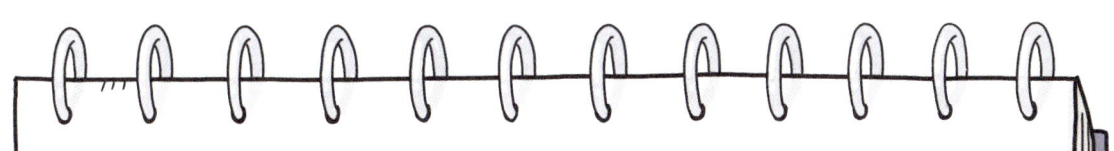

7 等式の性質

すべての等式は	$2 + 2 = 4$
両辺に同じ数を足したり、	$2 + 2 + 3 = 4 + 3$
両辺から同じ数を引いたり、	$2 + 2 - 1 = 4 - 1$
両辺に同じ数をかけたり、	$(2 + 2) \times 3 = 4 \times 3$
両辺を同じ数で割ったりできる。	$(2 + 2) \div 2 = 4 \div 2$

こうした等式の性質を使って

片方の辺に未知数だけを残せば、方程式の解を求めることができます。

左辺に x だけ残すには
＋3をなくさないと
いけないよ

$$x + 3 = 8$$

それなら、
両辺から3を引こう

$$x + 3 - 3 = 8 - 3$$

解は $x = 5$ だね！

$$x = 5$$

次の〈例〉のように、空欄に入る等式を書きましょう。

〈例〉

$$x - 1 = 3$$

↓

$$x - 1 \;+1 = 3 \;+1$$

↓

$$x = 4$$

1

$$a + 18 = 26$$

↓

↓

2

$$4 + x = 30$$

↓

↓

3

$$y - 7 = 2$$

↓

↓

4

$$x + 21 = 21$$

↓

↓

5

$$3 + b = 15$$

↓

↓

解答は186ページ ▶

✎ 次の 〈例〉 のように、空欄に入る等式を書きましょう。

〈例〉

$$2a = 18$$

↓

$$2a \div 2 = 18 \div 2$$

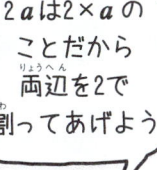

2aは2×aの
ことだから
両辺を2で
割ってあげよう

↓

$$a = 9$$

6

$$3x = 15$$

↓

7

$$4x = 12$$

↓

↓

↓

8

$$4a = 100$$

↓

↓

↓

9

$$2y = 0$$

↓

↓

10

$$8y = 8$$

↓

↓

下の説明を読んで、右ページの□に入る数を記入しましょう。

等式の性質を使って解を求める方法は
自分が知りたい値を求めるために、反対の計算をしていく方法なんだよ。
足し算なら引き算、かけ算なら割り算といった具合にね。

ビーカーに3mlの水を入れたら
15mlになったよ。
もともとどれくらいの水が
入っていたのかな?

また3mlを引いてみて

$$x + 3 = 15$$

$$x + 3 - 3 = 15 - 3$$
$$x = 12$$

計算が複雑な式の場合は、
最後の式から順番にまわりの数をなくしていって
自分が知りたい値を求めればいいんだよ。

これは a に3をかけてから
14を足したんだから…

$$3a + 14 = 41$$

まず両辺から14を引いたあとに

$$3a = 27$$

両辺を3で割ればいいんだね!

$$a = 9$$

解答は186ページ ▶▶▶

11

❶ x に □ をかけてから

□ を引いたんだから

❷ まず両辺に2を足して

❸ 両辺を6で割る。

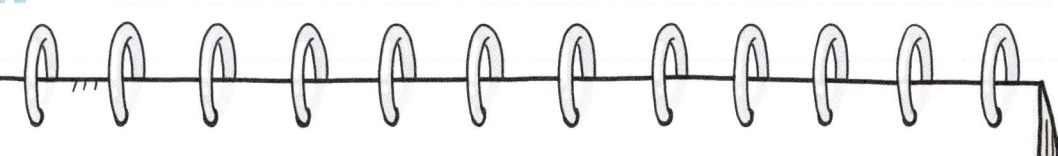

$$6x - 2 = 40$$

⇩

$$6x = \boxed{}$$

⇩

$$x = \boxed{}$$

12

❶ a に7をかけたものよりも

1を足したもののほうがあとだから

❷ 先に両辺から1を引いて

❸ 両辺を7で割る。

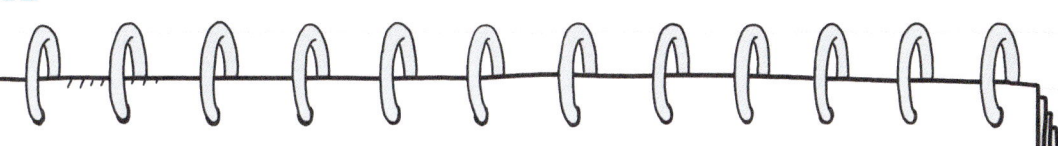

$$22 = 1 + 7a$$

⇩

$$\boxed{} = 7a$$

⇩

$$\boxed{} = a$$

等式の性質を使って方程式の解を求めましょう。

〈例〉

$$5x + 3 = 23$$

⇩

$$5x = 20$$

 ⇩

$$x = 4$$

13 $$3x - 2 = 4$$

 ⇩

⇩

14 $$6 + 2a = 30$$

⇩

⇩

15 $$1 + 7a = 36$$

⇩

⇩

 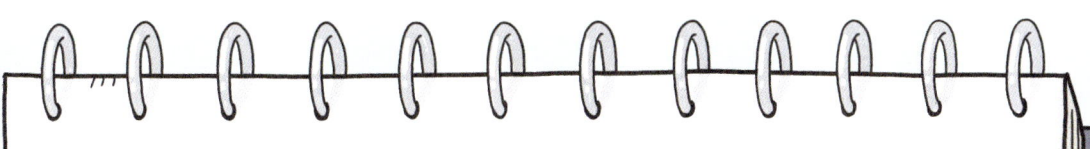

方程式の解き方

方程式は「移項」などによって解くことができる。

★ **移項**：等式において+と−の符号を逆にして、反対側に移動すること。

+2をなくすために
両辺から2を引くと

左辺の+2がなくなって、
右辺に−2が残る。

これをかんたんに考えると、
左辺の+2は

符号を逆にして（−2にして）
右辺に移動したのと同じになる。

$x + 2 = 7$

+2をなくすために

$x + 2 = 7$

+2

$x + 2 - 2 = 7 - 2$

両辺から2を引くと、

$x = 7 - 2$

左辺の+2がなくなって、
右辺に−2が残る。

$x = 5$

$x = 7 - 2$

−2に変わって右辺に移動する。

$x = 5$

こんなふうに等式のすべての値は
符号を逆にしてもうひとつの辺に移動できるんだ！

どうして符号が
逆になるのかって？
反対の計算をしていくから
なんだよ！

✏️ 次のように、等式で下線を引いた部分を移項しましょう。

〈例〉

$x \underline{- 3} = 10$

→ $x = 10 + 3$

符号を逆にして、
左辺→右辺や右辺→左辺に
移動させてみよう

1

$y \underline{+ 9} = 22$

→ _____

2

$7 + \underline{a} = 2a$

→ _____

3

$31 = x \underline{- 5}$

→ _____

4

$2y = 3 \underline{+ y}$

→ _____

5

$\underline{5} + a = 20$

→ _____

6

$9 = \underline{2} + x$

→ _____

7

$21 = b \underline{- 13}$

→ _____

8

$5x = 4 \underline{+ 4x}$

→ _____

月　　日

解答は186ページ ▶▶

次のように、等式の両辺を同じ値で割って、<u>下線</u>を引いた部分（係数）を1にしましょう。

〈例〉

$$\underline{4}\,a = 16$$

$$\rightarrow a = 16 \div 4$$

> 4aを4×aって考えれば、両辺を4で割れば、aの係数を1にする（なくす）ことができるぞ

9
$$\underline{2}\,a = 8$$

→ _____

10
$$81 = \underline{9}\,x$$

→ _____

11
$$7 = \underline{7}\,y$$

→ _____

12
$$\underline{5}\,x = 200$$

→ _____

13
$$\underline{8}\,x = 8$$

→ _____

14
$$27 = \underline{9}\,y$$

→ _____

15
$$1000 = \underline{10}\,b$$

→ _____

16
$$\underline{3}\,a = 0$$

→ _____

解答は186ページ ▶▶

17 これは方程式を解く過程を表しています。○には符号を、□には数字を入れて、式を完成させましょう。

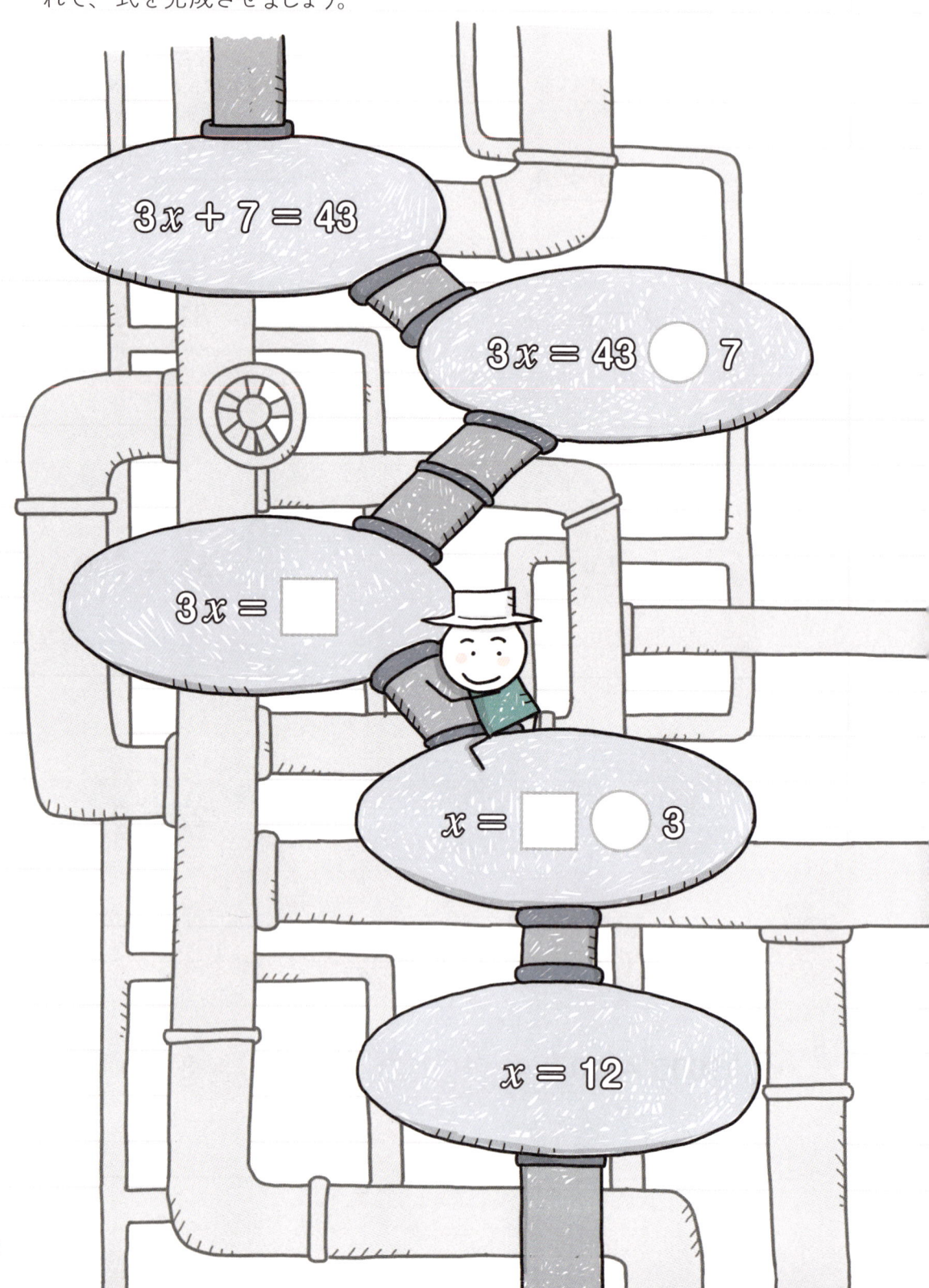

$3x + 7 = 43$

$3x = 43 \bigcirc 7$

$3x = \square$

$x = \square \bigcirc 3$

$x = 12$

✏ 次のような手順で移項させて、方程式の解を求めましょう。

〈例〉

$$2x + 1 = 5$$

↓ 移項!

$$2x = 5 - 1$$

↓ 整理

$$2x = 4$$

↓ xの係数を1にする

$$x = 4 \div 2$$

↓ 整理

$$x = 2$$

18

$$7 + 3y = 31$$

↓ 移項!

↓ 整理

↓ yの係数を1にする

↓ 整理

19

$$6a - 2 = 10$$

↓ 移項!

↓ 整理

↓ aの係数を1にする

↓ 整理

20

$$10x + 3 = 43$$

↓ 移項!

↓ 整理

↓ xの係数を1にする

↓ 整理

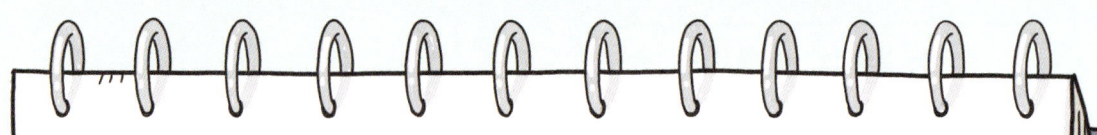

9 方程式のつくり方

① あたえられた情報のうち、わからない値がなにかを確認します。

午前にリンゴの木からリンゴを5個、
午後にリンゴ17個をつんだら、
リンゴが6個残ったんだけど

もともと木になっていた
リンゴはいくつだったんだろう?

② どんな未知数を使うのか決めます。

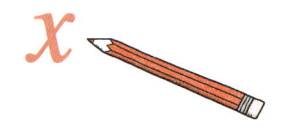

③ わからない値を未知数にすることにして、あたえられた情報を式にしてみます。

$$x - 5 - 17 = 6$$

もともと木になっていたリンゴから
5個、17個を引いたら6個になったんだね

9 方程式のつくり方

月　　日

解答は186ページ

あたえられた情報のうち、わからない値に下線を引きましょう。それからその値を未知数「x」として方程式をつくりましょう。

1

イチゴの値段は、サクランボの値段1190円とブドウの値段600円を合わせたものよりも450円安い。

答え　方程式 ____________________

2

前回の算数のテストの点数は87点で、
今回の算数のテストの点数は前回のテストに比べて8点上がった。

答え　方程式 ____________________

3

先生の体重は、ぼくたちのクラスの平均体重の45kgよりも
2倍重たいそうだ。

答え　方程式 ____________________

4

64cmのリボンを半分に切って、そこからまた7cm切ったら
ほしかったリボンの長さになった。

答え　方程式 ____________________

あたえられた情報のうちわからない値に下線を引きましょう。それからその値を未知数「x」として方程式をつくり、方程式の解を求めましょう。

5

> 昨年の今日の平均気温は19度でした。
> 今日の平均気温は昨年の今日の平均
> 気温よりも4度高いそうです。

方程式 _____

方程式の解： $x =$ ☐

6

> マユミと私は13歳です。マユミの妹の
> 年齢は、私の年齢を2倍したものより
> 15歳下です。マユミの妹は何歳でしょうか？

方程式 _____

方程式の解： $x =$ ☐

7

> ビーカーを何日か放置していたら、溶液が
> 55mlしか残っていなかったよ。最初にあった
> 溶液の量よりも10mlも少なくなった！

方程式 _____

方程式の解： $x =$ ☐

月　　　日

解答は187ページ ▶▶

8　3人の農夫が教えてくれた情報をもとに、□に正しい値を入れましょう。さらに、それぞれの畑の面積を求めましょう。

$x +$ □

x

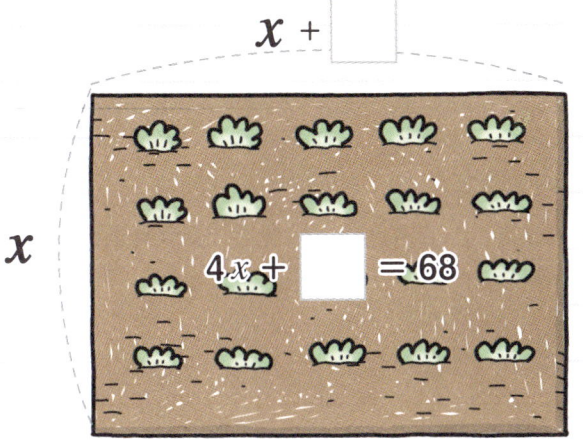

$4x +$ □ $= 68$

うちの畑の縦の長さはよくわからないけど、横は縦よりも6m長くて畑の周りは68mだよ

畑の面積

$=$ □ m^2

y

□ $- 15$

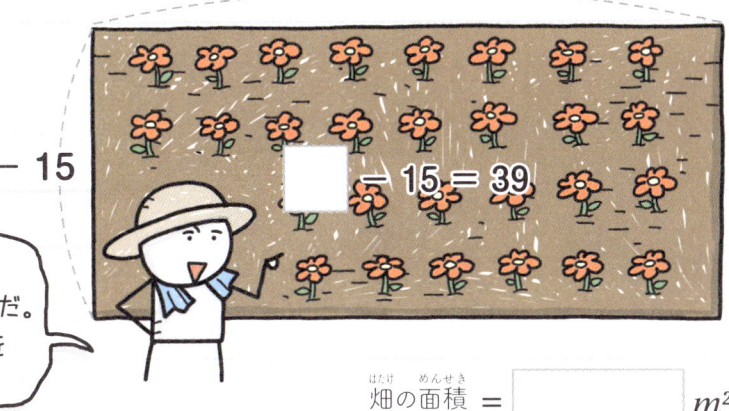

□ $- 15 = 39$

うちの畑の縦の長さは、横の長さよりも15m短いんだ。それから横と縦の長さを足すと39mになるね

畑の面積 $=$ □ m^2

z

z

□ $= 200 \div$ □ $-$ □

ぼくの畑は、横と縦の長さが同じ。それから周囲は200mの半分から28mを引いたのと同じなんだよ

畑の面積 $=$ □ m^2

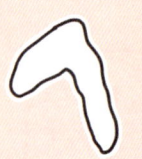

CHAPTER 2

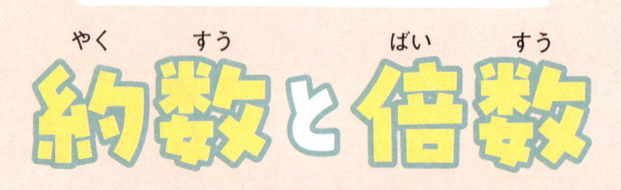

約数と倍数

約数と倍数を理解していると、さまざまな場面で役立ちます。材料を効率よく準備できたり、出来上がった料理を均等にわけあえたり……。ある数をかけ算で表現する素因数分解なども取り入れながら、数の性質をつきつめましょう。

10 約数と倍数

★★ 約数：ある数を割り切れる数

15の約数：1、3、5、15

—ある数の約数のうち、もっとも大きな数はつねにその数自身になるよ。

—ある数の約数のうち、もっとも小さな数はつねに1なんだ。

★★ 倍数：ある数を1倍、2倍、3倍…した数

15の倍数：15、30、45、60、75、90…

—ある数の倍数のうち、もっとも小さな数はつねにその数自身なんだ。

—倍数は無限にあるよ。

✎ あたえられた数を割り切れる数が書かれた欄をすべて選んで色を塗り、それぞれの数の約数を書きましょう。

1　**6**

1	2	3	4	5	6

6の約数 ------------------------------

2　**5**

1	2	3	4	5

5の約数 ------------------------------

3　**14**

1	2	3	4	5	6	7
8	9	10	11	12	13	14

14の約数 ------------------------------

4　**21**

1	2	3	4	5	6	7
8	9	10	11	12	13	14
15	16	17	18	19	20	21

21の約数 ------------------------------

✎ 次の数の倍数をもっとも小さいものから順番に5つ書きましょう。

5　**3の倍数** →

6　**7の倍数** →

7　**10の倍数** →

8　**13の倍数** →

9 あたえられた式について説明しているもののうち、<u>正しくないもの</u>を選びましょう。

$$20 = 4 \times 5$$

① 4は20を割り切ることができるため、20の約数だ。
② 20は5を4倍した数だから、5の倍数だ。
③ 5は4をかけたとき20になるから、20の約数だ。
④ 20は4と5を割り切れるようにする数だ。
⑤ 20は4の倍数にもなるし、5の倍数にもなる。

答え（　　　　）

10 看板に書かれた数字のうち、12と関連のあるものだけを集めて整理しようと思います。四角いパネルには12の約数を、丸いパネルには12の倍数を見つけて書きだしましょう。

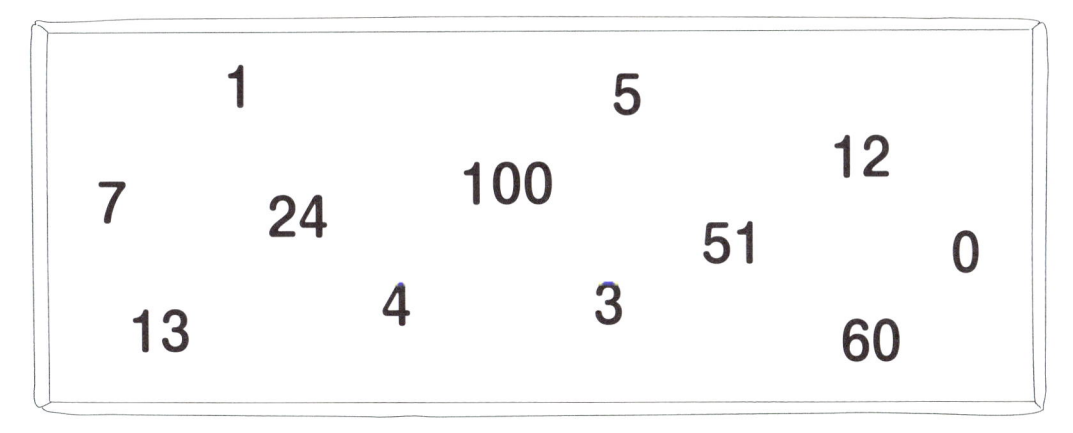

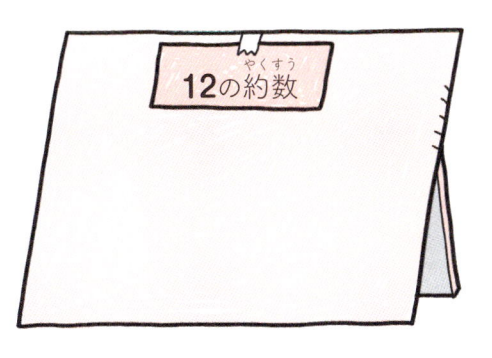

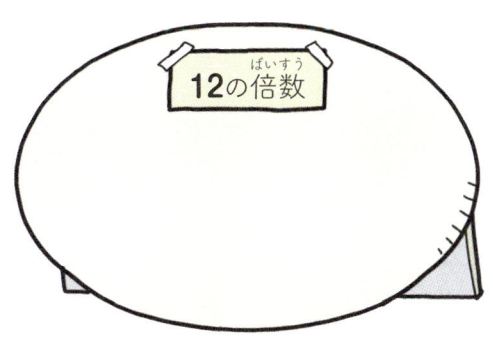

11 次の説明を読んで表を埋めましょう。

古代ギリシャの数学者で哲学者のピタゴラスは自然数を「完全数」「不足数」「過剰数」の3つにわけた。その数自身を除いたすべての約数の和がその数自身と同じであれば「完全数」、その数自身よりも小さければ「不足数」、その数自身よりも大きければ「過剰数」に分類した。

	約数	その数自身を除いたすべての約数の和	完全数／不足数／過剰数
25	1、5、25	6	不足数
26			
27			
28			
29			
30			
31			
32			
33			
34			
35			
36			

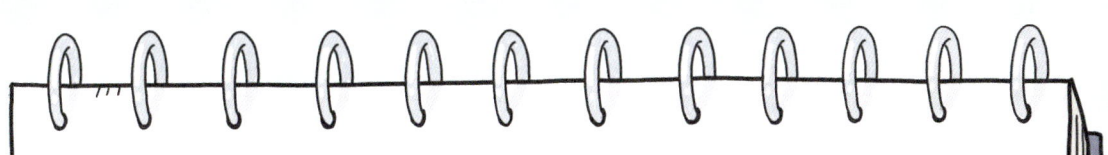

11 公約数と最大公約数

★ **公約数**：いくつかの数の共通の約数

12の約数	**18**の約数
1、2、3、4、6、12	1、2、3、6、9、18

2つの公約数は
1、2、3、6

★ **最大公約数**：公約数のうち、いちばん大きい数

12の約数　　18の約数

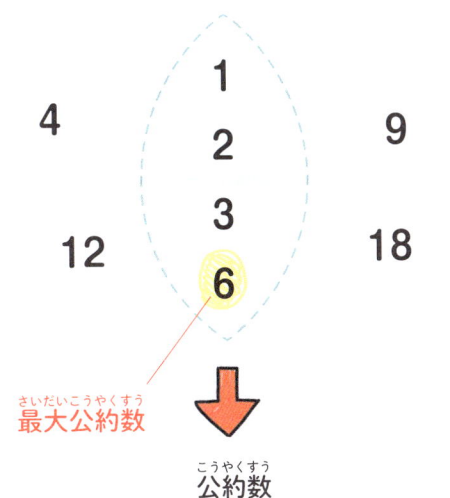

4　　　1
　　　2
9

12　　3
　　　6　　18

最大公約数

→

公約数

公約数のうち、
6がいちばん大きいから、
最大公約数は6だね

解答は188ページ ▶▶

1 数直線に15と20の約数をそれぞれ表してから、公約数をすべてさがして書きましょう。

こうやって黒い点をつけていこう！

15の約数

| 1 | 2 | 3 | 4 | 5 | 6 | 7 | 8 | 9 | 10 | 11 | 12 | 13 | 14 | 15 | 16 | 17 | 18 | 19 | 20 |

20の約数

| 1 | 2 | 3 | 4 | 5 | 6 | 7 | 8 | 9 | 10 | 11 | 12 | 13 | 14 | 15 | 16 | 17 | 18 | 19 | 20 |

答え　**15、20**の公約数

2 斜線部分をふさわしい数で埋めて、9と12の最大公約数を求めましょう。

9の約数　　　　**12の約数**

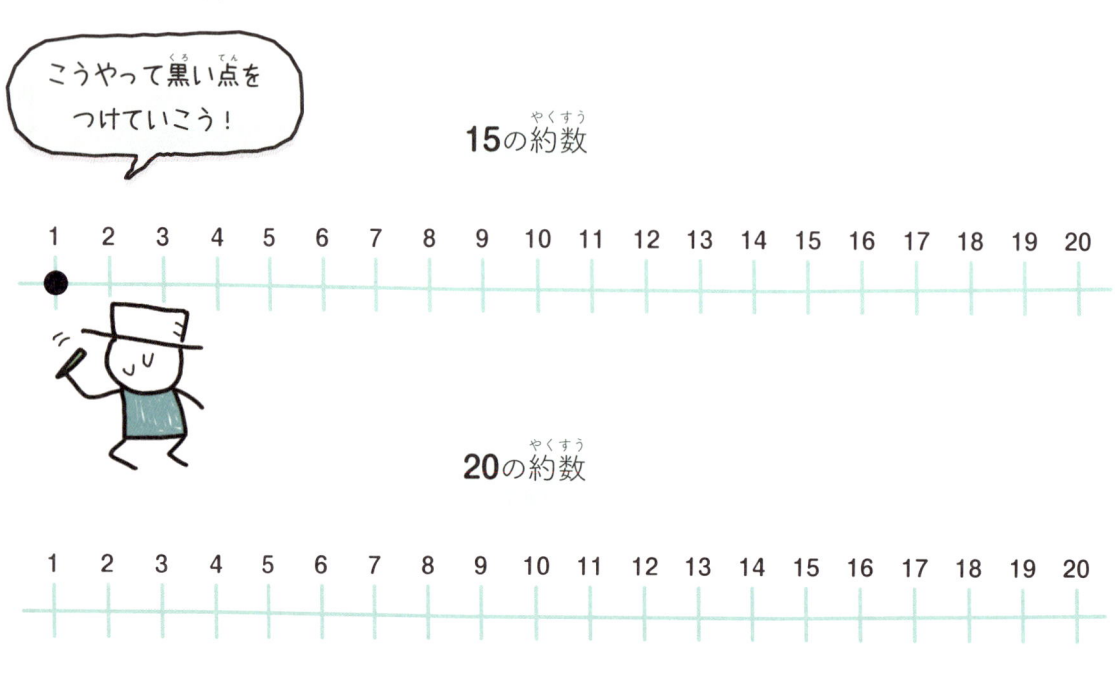

2
4
9
6
12

答え　**9、12**の最大公約数

月　　　日

解答は188ページ ▶▶

3　16、24、28の約数が書かれた欄にそれぞれ色を塗ってから、3つの数の公約数と最大公約数を求めましょう。

（ 16の約数 ）

1	2	3	4
5	6	7	8
9	10	11	12
13	14	15	16

（ 28の約数 ）

1	2	3	4
5	6	7	8
9	10	11	12
13	14	15	16
17	18	19	20
21	22	23	24
25	26	27	28

（ 24の約数 ）

1	2	3	4
5	6	7	8
9	10	11	12
13	14	15	16
17	18	19	20
21	22	23	24

答え　16、24、28の公約数

答え　16、24、28の最大公約数

🖊 あたえられた2つの数の約数をすべて書いてから、2つの数の最大公約数を求めましょう。

4

6の約数

[   ]

9の約数

[   ]

6、9の最大公約数 _____

5

7の約数

[   ]

21の約数

[   ]

7、21の最大公約数 _____

6

8の約数

[   ]

44の約数

[   ]

8、44の最大公約数 _____

7

10の約数

[   ]

25の約数

[   ]

10、25の最大公約数 _____

8

45の約数

[   ]

63の約数

[   ]

45、63の最大公約数 _____

9

14の約数

[   ]

26の約数

[   ]

14、26の最大公約数 _____

11 公約数と最大公約数

月　　日

解答は188ページ

10 お城の2か所の穴のあいた部分をレンガで埋めようとしています。作業員の話をよく聞き、条件に合ったレンガをさがして○で囲みましょう。

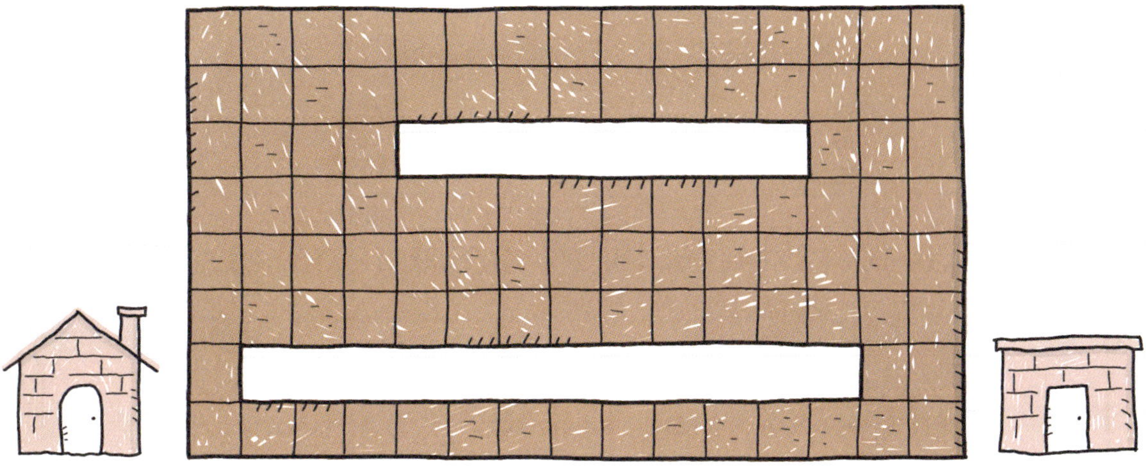

わたしはこの3つの条件を必ず守らないといけないんだ

どんなレンガを使うべきかな？

❶ 下の8種類のレンガのうち、選べるレンガは1種類だけ。
❷ 1種類のレンガを何回か使用して、2つの穴を隙間なく埋める。
❸ 最大限大きなレンガを使用する。

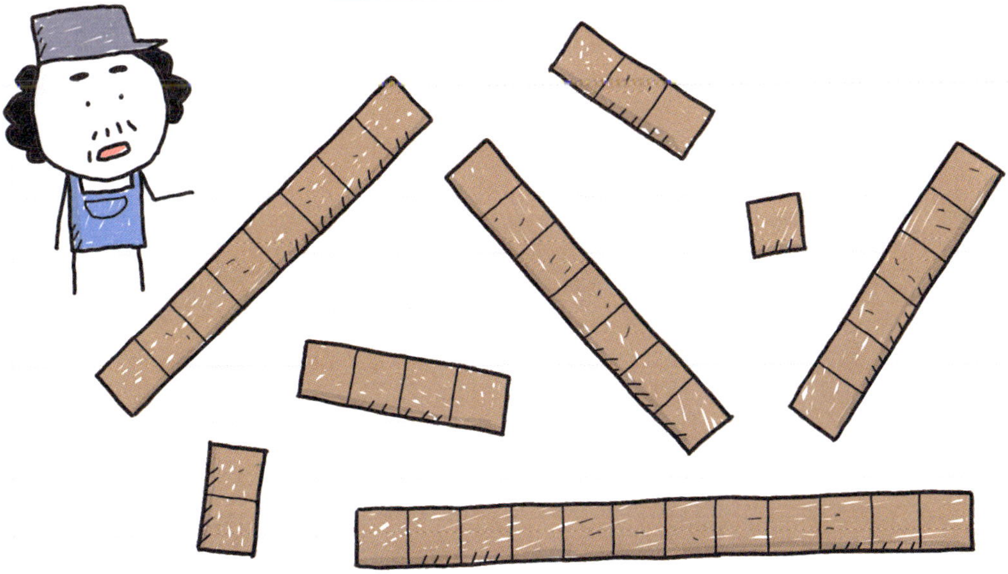

12 公倍数と最小公倍数

★ **公倍数**：いくつかの数の共通の倍数

2の倍数	**3**の倍数
2、4、6、8、10、12、14、16、18…	3、6、9、12、15、18、21…

倍数は終わりがないから、公倍数にも終わりはないよね

2と3の公倍数は
6、12、18…

★ **最小公倍数**：公倍数のうち、もっとも小さい数

2の倍数　　**3の倍数**

最小公倍数

```
        2           3
   4
       8        9
          12
  10        18     15
     14   …
  16            21
     …              …
```

↓

公倍数

公倍数のうち、6がいちばん小さいから、最小公倍数だね

1 数直線に2と4の倍数をすべて表してから、公倍数をいちばん小さいものから5つ書きましょう。

2の倍数

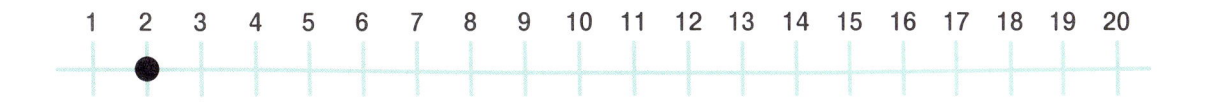

| 1 | 2 | 3 | 4 | 5 | 6 | 7 | 8 | 9 | 10 | 11 | 12 | 13 | 14 | 15 | 16 | 17 | 18 | 19 | 20 |

4の倍数

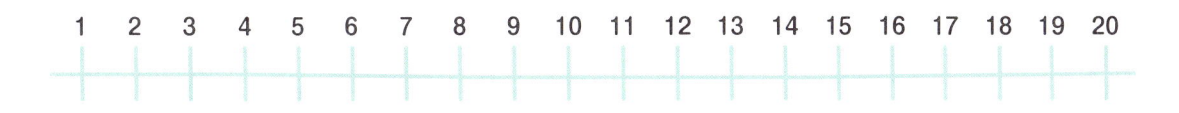

| 1 | 2 | 3 | 4 | 5 | 6 | 7 | 8 | 9 | 10 | 11 | 12 | 13 | 14 | 15 | 16 | 17 | 18 | 19 | 20 |

答え　**2、4の公倍数**

2 下の図は10と15の倍数と公倍数を表したものです。10と15の最小公倍数を書きましょう。

10の倍数　　**15の倍数**

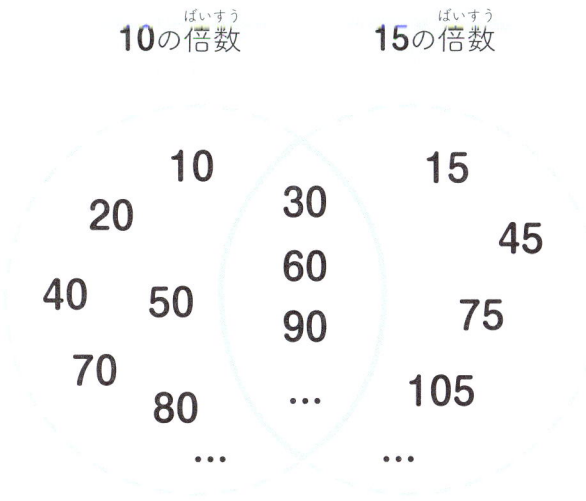

答え　**10、15の最小公倍数**

3 ヨーコとトモキはそれぞれ好きな数の倍数を黒板に書いています。2人が好きな数は何かそれぞれ書いて、2つの数の最小公倍数をさがして〇をつけましょう。

ヨーコの好きな数　□

トモキの好きな数　□

4 ケンタは2から10までの数のうち、2つを選んでその公倍数をノートに書いておきました。ケンタの選んだ2つの数を答えましょう。

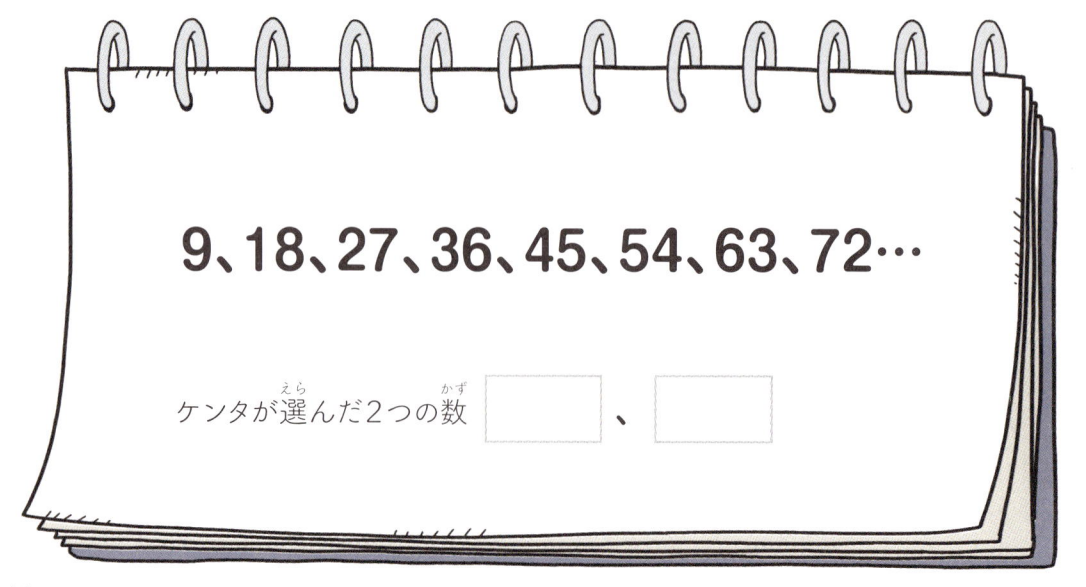

9、18、27、36、45、54、63、72…

ケンタが選んだ2つの数　□　、　□

あたえられた2つの数の倍数を、もっとも小さいものから順番に5つ書いてから、2つの数の最小公倍数を求めましょう。

5

3の倍数

6の倍数

3、6の最小公倍数 _____

6

8の倍数

12の倍数

8、12の最小公倍数 _____

7

20の倍数

50の倍数

20、50の最小公倍数 _____

8

18の倍数

27の倍数

18、27の最小公倍数 _____

9

21の倍数

28の倍数

21、28の最小公倍数 _____

10

26の倍数

65の倍数

26、65の最小公倍数 _____

11 横4cm、縦3cmの大きさのメモ用紙を何枚かつなげて、いちばん小さい正方形をつくろうと思います。□にふさわしい数を書いて、点線にそって正方形を描いてみましょう。

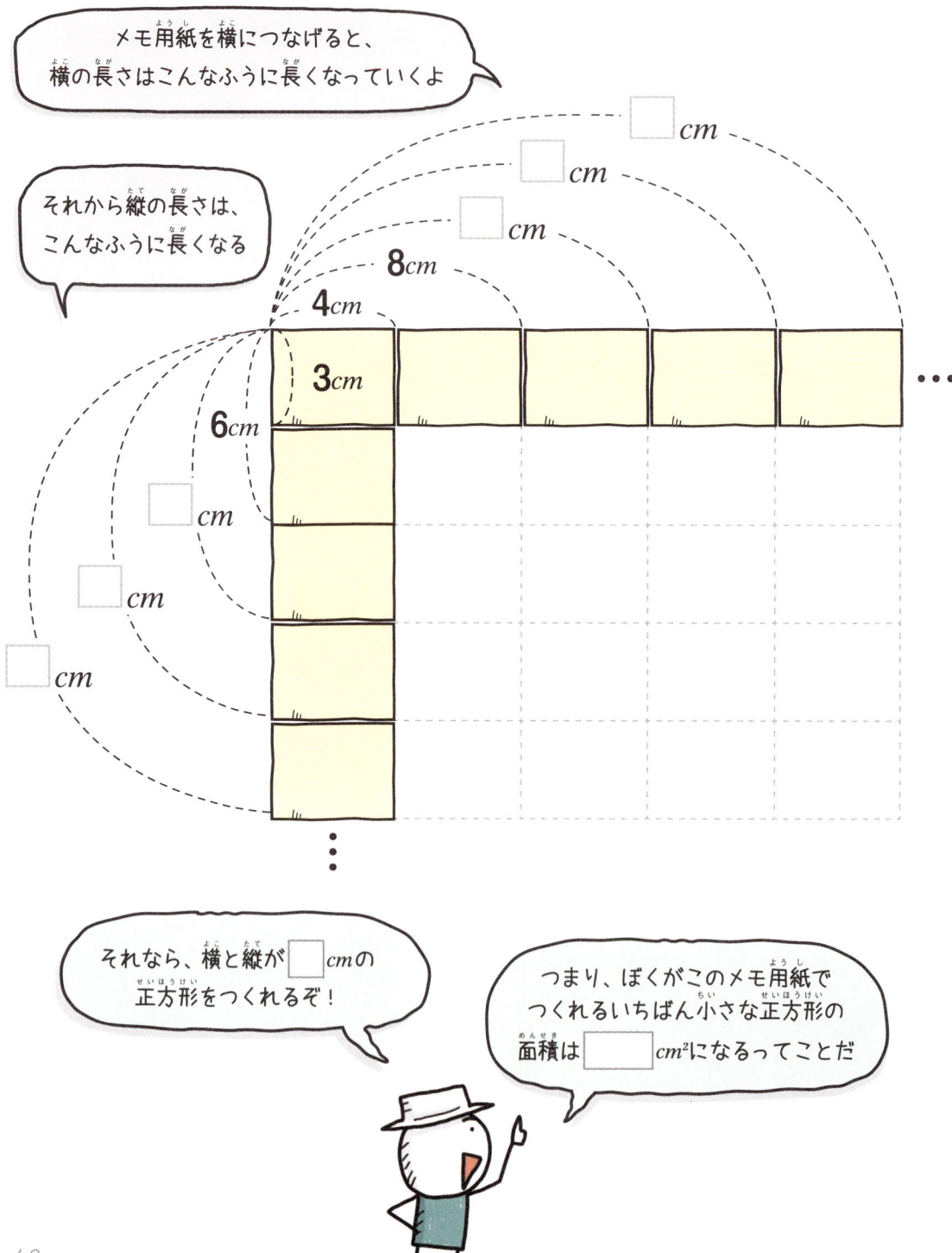

13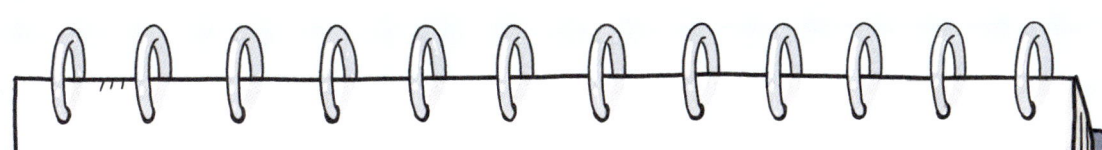
素数と合成数

★ **素数**：1よりも大きい自然数のなかで
約数が1とその数自身だけの数

5 ⇨ ぼくの約数は1と5だけだよ

★ **合成数**：1よりも大きい自然数のなかで
素数ではない数

12 ⇨ わたしの約数は1、2、3、4、6、12だよ

素数なのか合成数なのかは、約数の
個数によって決まるってわけか

合成数は素数ではないから、
1とその数自身以外にも約数をもっている。
つまり、約数が3つ以上である

1は素数でも合成数でもないぞ。
素数は約数が2個で、合成数は約数が3個以上。
でも、1の約数は1だけなんだ！

あたえられた数の約数をすべて書いて、素数なのか合成数なのか正しいほうを○で囲みましょう。

1

3の約数

3は（ （素数）・合成数 ）だ。

2

4の約数

4は（ 素数・合成数 ）だ。

3

6の約数

6は（ 素数・合成数 ）だ。

4

7の約数

7は（ 素数・合成数 ）だ。

5

9の約数

9は（ 素数・合成数 ）だ。

6

11の約数

11は（ 素数・合成数 ）だ。

7

13の約数

13は（ 素数・合成数 ）だ。

8

16の約数

16は（ 素数・合成数 ）だ。

解答は189、190ページ ➤➤➤

9 次のうち、2つの数の差が2の素数の組み合わせをすべて選んで色を塗りましょう。

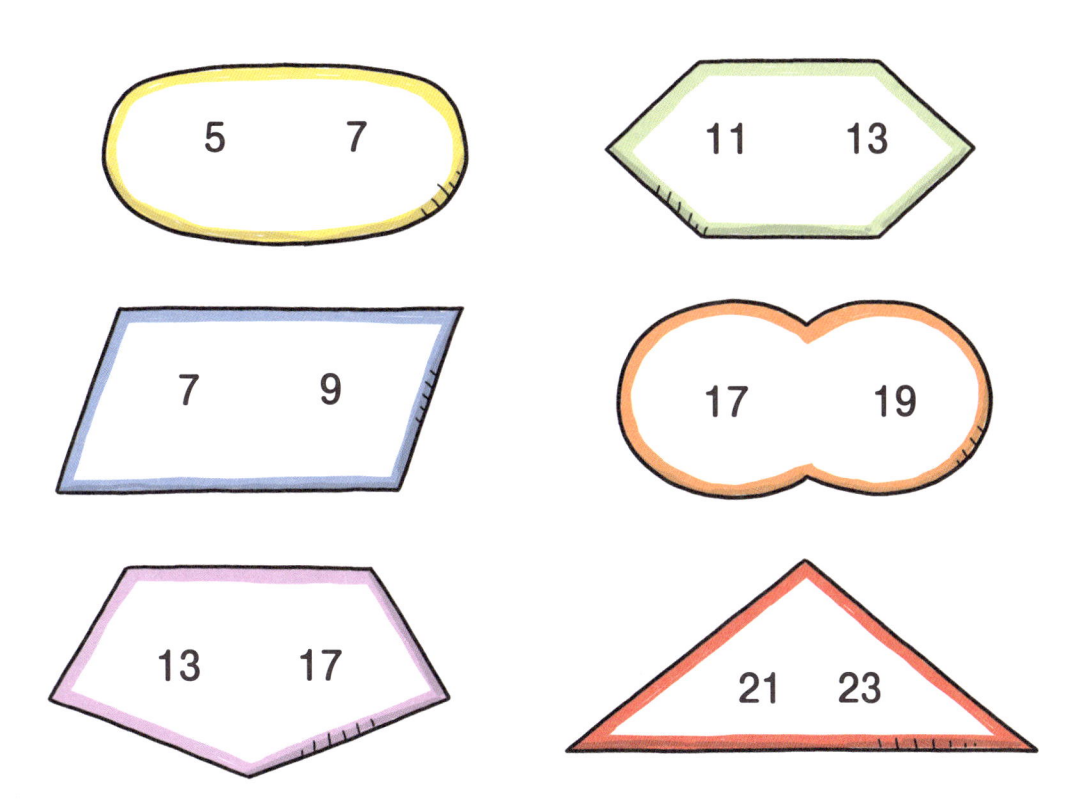

10 あたえられた数の約数の個数を書いて、それぞれの数が素数なのか合成数なのか、正しいほうを○で囲みましょう。

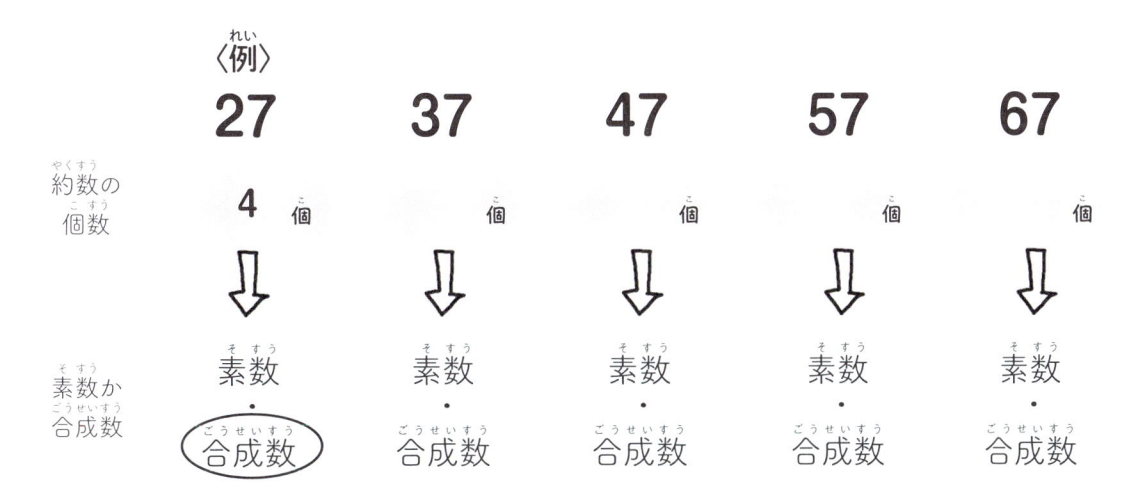

	〈例〉				
	27	**37**	**47**	**57**	**67**
約数の個数	4 個	個	個	個	個
	⬇	⬇	⬇	⬇	⬇
素数か合成数	素数・⟨合成数⟩	素数・合成数	素数・合成数	素数・合成数	素数・合成数

解答は190ページ ▶

11 これは、古代ギリシャの数学者エラトステネスが発見した素数の見つけ方「エラトステネスのふるい」に関する説明です。ふるいの使い方❶〜❹にしたがって数字に×印をつけて、素数をすべて書きだしましょう。

数学者
エラトステネス

私のふるいは、素数ではない数をすべてふるいわけて、素数を見つけ出してくれるんだ

ふるいの使い方はこうだ

❶ 1は素数ではないから消す。

❷ 2は素数だから残しておくが、2の倍数は合成数だからすべて消す。

❸ その次の素数である3は残しておくが、3の倍数は合成数だからすべて消す。

❹ その次の素数である5は残しておくが、5の倍数は合成数だからすべて消す。

あたえられた範囲内のすべての素数について、上記のような過程をくり返すと素数ではない数が消されて、素数だけ残る。

✗	2	3	4	5	6	7	8	9	10
11	12	13	14	15	16	17	18	19	20
21	22	23	24	25	26	27	28	29	30
31	32	33	34	35	36	37	38	39	40
41	42	43	44	45	46	47	48	49	50

1から**50**までの数のうちの素数 _____

_____

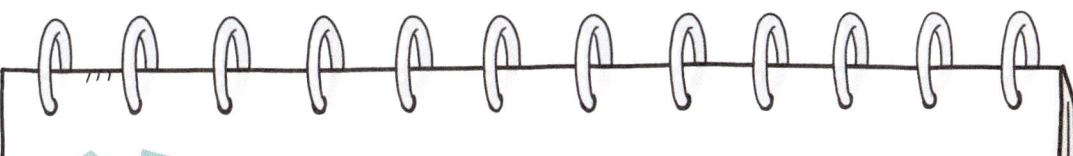

14 素因数

★ **素因数**：約数のうち素数であるもの

> 12の約数： 1、**2、3、** 4、6、12

このうち素数は2と3だよ。
つまり、12の素因数は2と3ってこと。

★ **素因数分解**：合成数を素因数のかけ算で表したもの

$$12 = 2 × 2 × 3$$

合成数である12を素因数分解するっていうのは
12の素因数である2と3のかけ算でのみ
12を表現するっていう意味なんだね

月　　　　日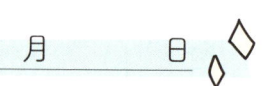

解答は190ページ ▶▶

あたえられた数の約数で□を埋めたあと、素因数が書かれたところに色を塗りましょう。

8の約数 ＝ | 1 | 2 | 4 | 8 |

1 4の約数

＝ □ □ □

2 8の約数

＝ □ □ □ □

3 10の約数

＝ □ □ □ □

4 16の約数

＝ □ □ □ □ □

5 14の約数

＝ □ □ □ □

6 15の約数

＝ □ □ □ □

7 21の約数

＝ □ □ □ □

8 22の約数

＝ □ □ □ □

✏️ あたえられた数の素因数をすべて書いてから、あたえられた数を素因数のかけ算で表しましょう。

9

9の素因数

$$9 = 3 \times 3$$

10

6の素因数

11

18の素因数

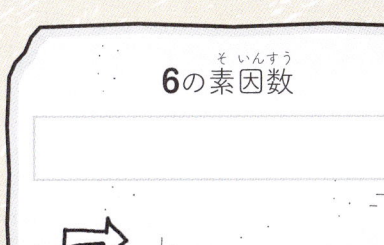

12

20の素因数

15 素因数にわける方法

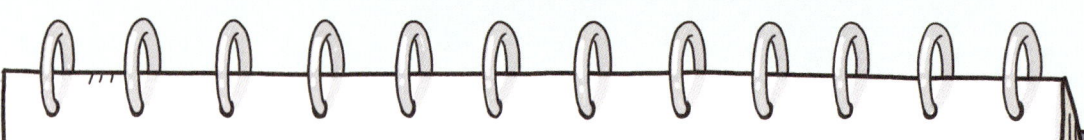

① 割り切れる素数で合成数を割る。

$$2\,)\,\overline{12}$$
$$\quad\ 6$$

どんな素数で割っても
かまわないけれど、
ふつうはいちばん小さい素数で
まず割ってみて

② 商※が素数になるまで割っていく。

※商…割り算の結果のこと。

$$2\,)\,\overline{12}$$
$$2\,)\,\overline{\;6\;}$$
$$\quad\ 3$$

③ 割った素数たちと商をかけ算の記号でつなぐ。

$$2\,)\,\overline{12}$$
$$2\,)\,\overline{\;6\;}$$
$$\quad\ 3$$

$\Rightarrow$ $12 = 2 \times 2 \times 3$

☆ かけ算の記号でつなぐこと = **素因数分解** と言う

あたえられた数を素因数分解しましょう。

〈例〉
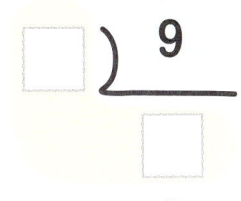

10 = 2 × 5

1

9 =

2

15 =

3
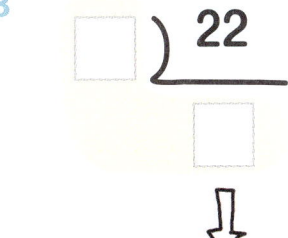

22 =

4
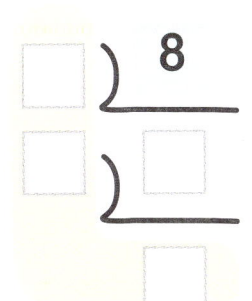

8 =

5
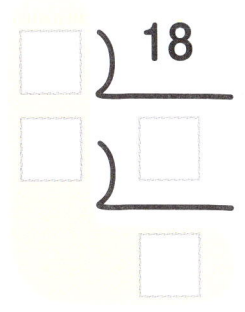

18 =

あたえられた数を素因数分解しましょう。

6
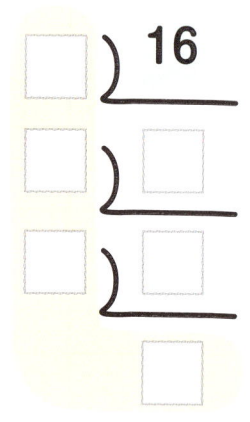

16 =

7

24 =

8
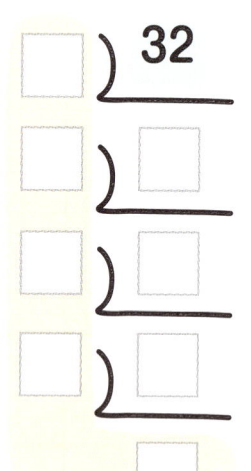

32 =

9
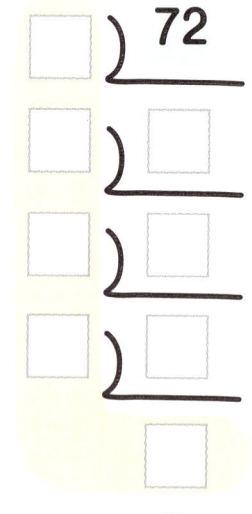

72 =

月　　日

解答は191ページ▶▶

10 次はある合成数を素因数分解する過程です。□を埋めながら、合成数「?」の値を求めましょう。

?の値 _____

11 あたえられた数と素因数分解の結果が間違っている組み合わせを選んで番号を○で囲みましょう。

① $14 = 2 × 7$

② $36 = 2 × 3 × 3 × 7$

③ $80 = 2 × 2 × 2 × 2 × 5$

④ $105 = 3 × 5 × 7$

素因数にわける方法

✎ 下で先生が教えている2つの方法で、あたえられた数を素因数分解してみましょう。

> 素因数分解をする方法はいろいろあるよ。
> 今まで学んだように、割り算してもいいけれど

$$60 = 2 \times 30$$
$$= 2 \times 2 \times 15$$
$$= 2 \times 2 \times 3 \times 5$$

$$60 \big< \begin{matrix} 2 \\ 30 \end{matrix} \big< \begin{matrix} 2 \\ 15 \end{matrix} \big< \begin{matrix} 3 \\ 5 \end{matrix}$$

> 小さい数を使ったかけ算に分解していき、素数だけを残してもいいし、

> 枝わかれさせて、枝の最後に素数だけ残してもいいんだよ

12

$$24$$
$$= 2 \times \square$$
$$= 2 \times 2 \times \square$$
$$= 2 \times 2 \times \square \times \square$$

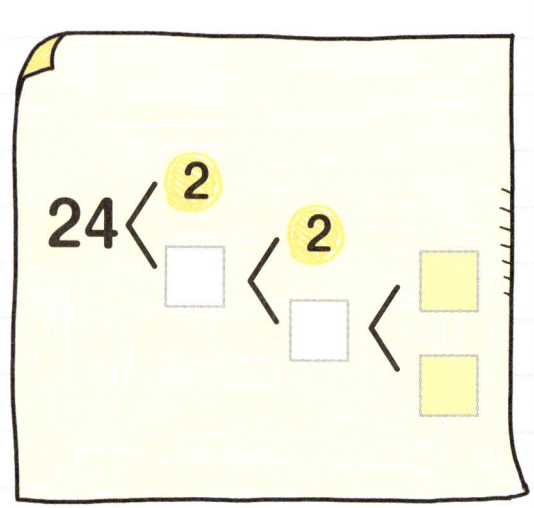

$$24 \big< \begin{matrix} 2 \\ \square \end{matrix} \big< \begin{matrix} 2 \\ \square \end{matrix} \big< \begin{matrix} \square \\ \square \end{matrix}$$

13

14

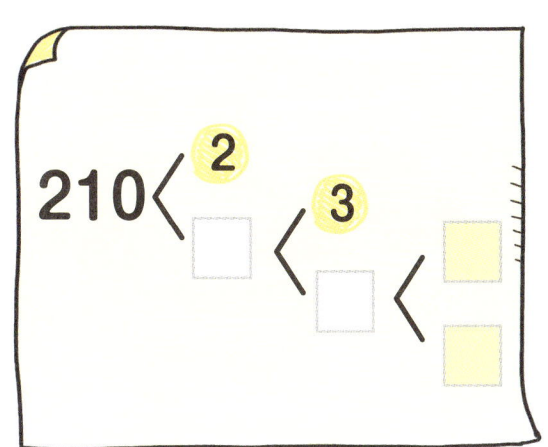

15

最大公約数の求め方

① いくつかの数を素因数分解する。

$$12 = 2 \times 2 \times 3$$

$$18 = 2 \times 3 \times 3$$

② 共通の素因数を見つける。

$$12 = 2 \times 2 \times 3$$

$$18 = 2 \times 3 \times 3$$

2が1つと、
3が1つ共通しているぞ

③ 共通の素因数をすべてかけると最大公約数になる。

$$2 \times 3 = 6 \rightarrow 12と18の最大公約数$$

6は12の約数でありながら
18の約数でもあるもっとも大きな数だよ！

16 最大公約数の求め方

月　　　日

解答は191ページ

次の例を見て、2つの数の共通の素因数に○をつけて、最大公約数を求めましょう。

〈例〉

12 = ②×②×3

20 = ②×②×5

12と20の最大公約数 = 2 × 2 = 4

1

18 = 2 × 3 × 3

27 = 3 × 3 × 3

18と27の最大公約数

= ［　　　　］ = ［　　］

2

30 = 2 × 3 × 5

50 = 2 × 5 × 5

30と50の最大公約数

= ［　　　　］ = ［　　］

3

28 = 2 × 2 × 7

70 = 2 × 5 × 7

28と70の最大公約数

= ［　　　　］ = ［　　］

4

45 = 3 × 3 × 5

105 = 3 × 5 × 7

45と105の最大公約数

= ［　　　　］ = ［　　］

解答は191ページ ▶▶

5 次は4つの数を素因数分解したものです。4つの数の最大公約数を求めましょう。

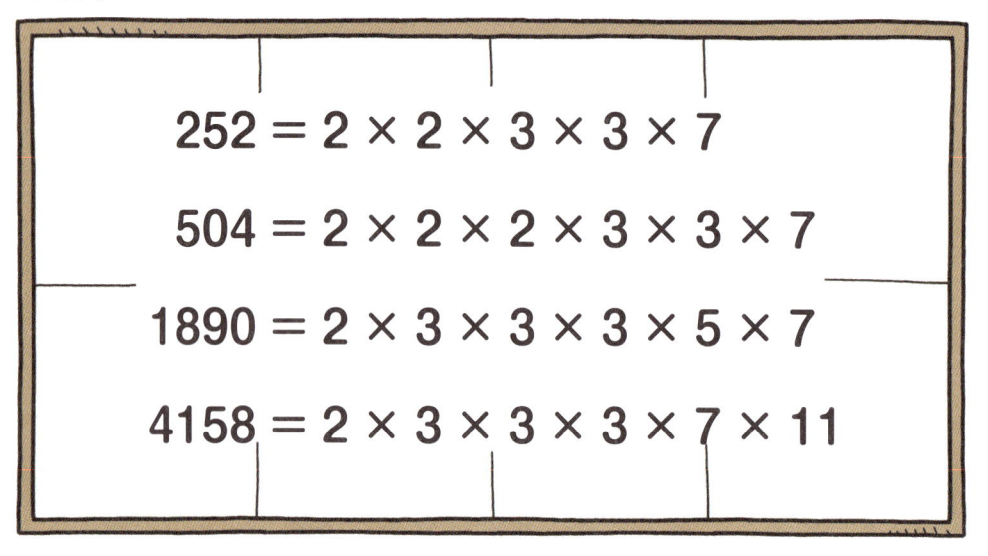

$$252 = 2 \times 2 \times 3 \times 3 \times 7$$

$$504 = 2 \times 2 \times 2 \times 3 \times 3 \times 7$$

$$1890 = 2 \times 3 \times 3 \times 3 \times 5 \times 7$$

$$4158 = 2 \times 3 \times 3 \times 3 \times 7 \times 11$$

4つの数の最大公約数 ＝ ☐

6 次は、ある2つの数の最大公約数を求める過程です。☐にふさわしい数を書きましょう。

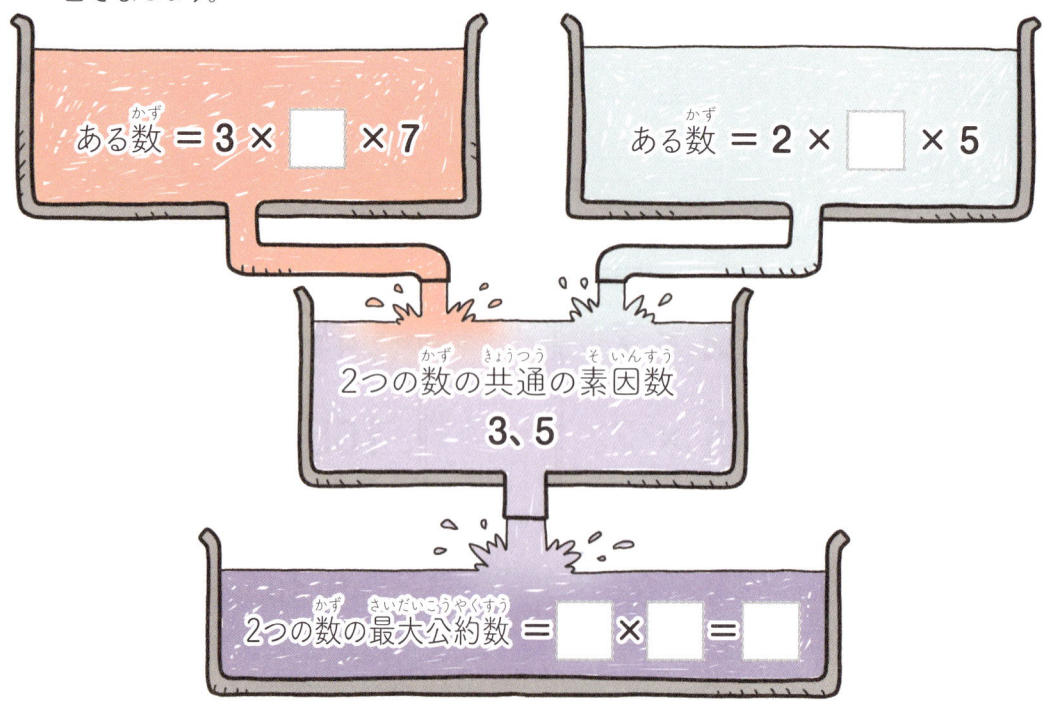

ある数 ＝ 3 × ☐ × 7

ある数 ＝ 2 × ☐ × 5

2つの数の共通の素因数
3、5

2つの数の最大公約数 ＝ ☐ × ☐ ＝ ☐

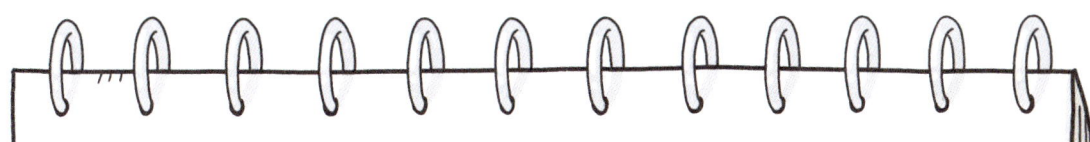

17 割り算と最大公約数

① 2つの数の共通の素因数で2つの数を割る。

$$2 \overline{) \ 8 \quad 12}$$
$$ \ 4 \quad 6$$

いちばん小さい素因数から！

② これ以上共通の素因数をもてなくなるまで割り続ける。

$$2 \overline{) \ 8 \quad 12}$$
$$2 \overline{) \ 4 \quad 6}$$
$$ \ 2 \quad 3$$

③ 共通の素因数をすべてかける。

$$2 \overline{) \ 8 \quad 12}$$
$$2 \overline{) \ 4 \quad 6}$$
$$ \ 2 \quad 3$$

$$2 \times 2 = 4 \quad \rightarrow \quad 8と12の最大公約数$$

17 割り算と最大公約数

あたえられた2つの数を同時に割って、最大公約数を求めましょう。

〈例〉

$$
\begin{array}{c|cc}
2 & 6 & 30 \\
3 & 3 & 15 \\
\hline
 & 1 & 5
\end{array}
$$

⇒ 6、30の最大公約数

$= 2 \times 3$

$= 6$

1

$$
\begin{array}{c|cc}
\square & 18 & 27 \\
\square & \square & \square \\
\hline
 & \square & \square
\end{array}
$$

⇒ 18、27の最大公約数

= _____

= _____

2

$$
\begin{array}{c|cc}
\square & 12 & 42 \\
\square & \square & \square \\
\hline
 & \square & \square
\end{array}
$$

⇒ 12、42の最大公約数

= _____

= _____

3

$$
\begin{array}{c|cc}
\square & 50 & 75 \\
\square & \square & \square \\
\hline
 & \square & \square
\end{array}
$$

⇒ 50、75の最大公約数

= _____

= _____

解答は191、192ページ ▶▶

_月 _日

4

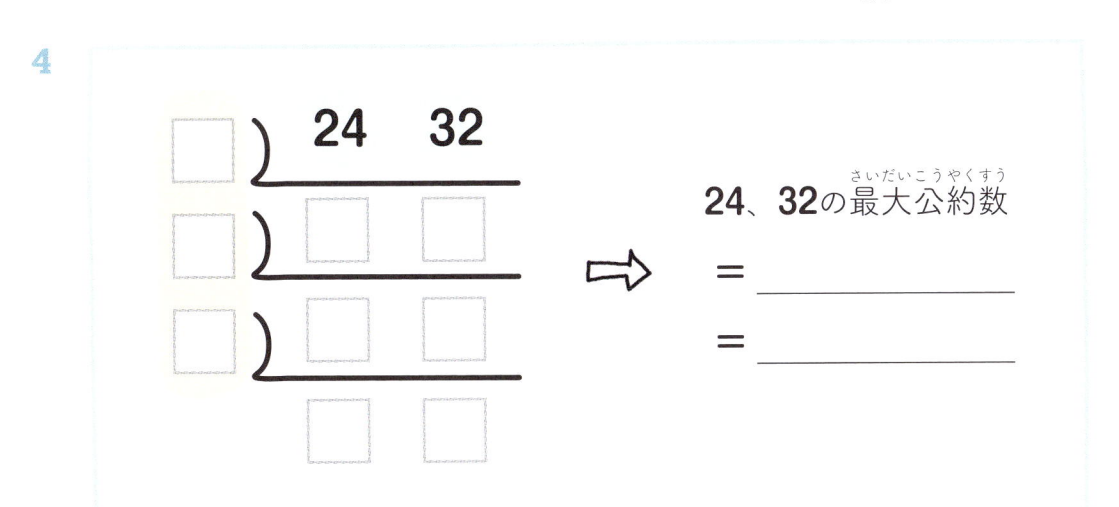

24、32の最大公約数

= _____

= _____

5

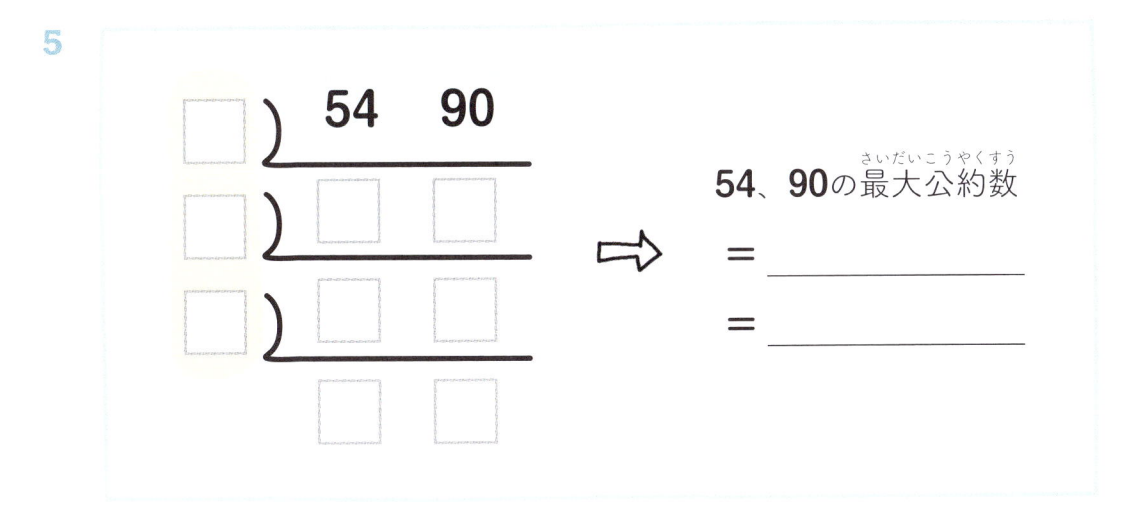

54、90の最大公約数

= _____

= _____

6

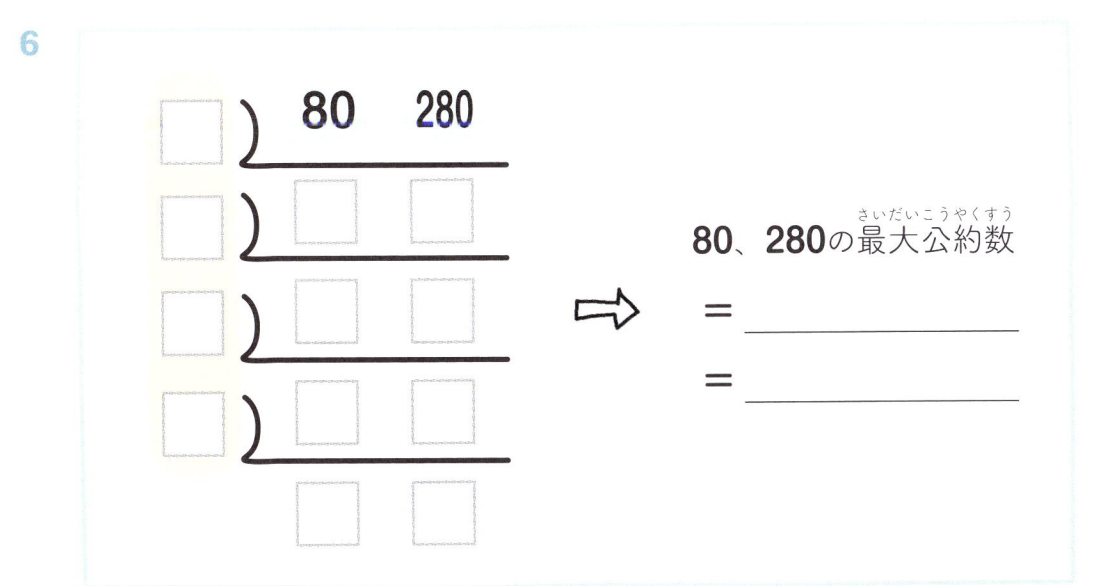

80、280の最大公約数

= _____

= _____

7 アリの話をよく聞いて、空いている巣に入るふさわしい数をそれぞれ求めましょう。

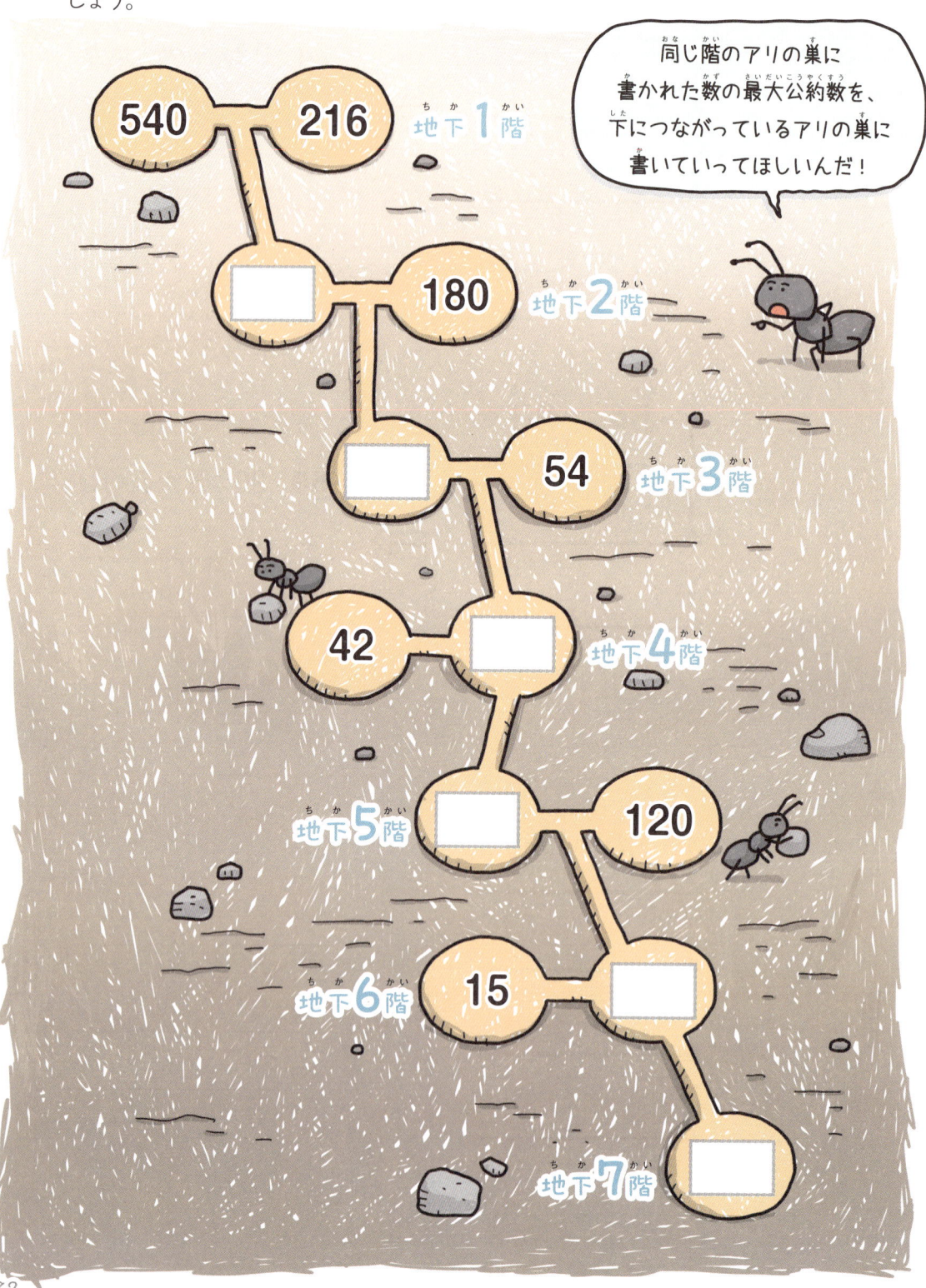

同じ階のアリの巣に書かれた数の最大公約数を、下につながっているアリの巣に書いていってほしいんだ！

540　　216　　地下1階

□　　180　　地下2階

□　　54　　地下3階

42　　□　　地下4階

地下5階　□　　120

地下6階　15　　□

地下7階　□

最小公倍数の求め方

① それぞれの数を素因数分解する。

$$30 = 2 \times 3 \times 5$$

$$42 = 2 \times 3 \times 7$$

② 共通の素因数を見つける。

$$30 = 2 \times 3 \times 5$$

$$42 = 2 \times 3 \times 7$$

③ 共通の素因数に残りの素因数をかけると最小公倍数になる。

$$2 \times 3 \times 5 \times 7 = 210$$

↓

30と42の最小公倍数

210は30の倍数にもなっていて
42の倍数にもなっている、
いちばん小さい数だよ

次の例を見て、2つの数に共通の素因数に〇をつけ、最小公倍数を求めましょう。

〈例〉

$$12 = ②\times②\times 3$$
$$20 = ②\times②\times 5$$

12と20の最小公倍数 $= 2 \times 2 \times 3 \times 5 = 60$

1

$$20 = 2 \times 2 \times 5$$
$$70 = 2 \times 5 \times 7$$

20と70の最小公倍数

$$= \boxed{} = \boxed{}$$

2

$$28 = 2 \times 2 \times 7$$
$$44 = 2 \times 2 \times 11$$

28と44の最小公倍数

$$= \boxed{} = \boxed{}$$

3

$$12 = 2 \times 2 \times 3$$
$$78 = 2 \times 3 \times 13$$

12と78の最小公倍数

$$= \boxed{} = \boxed{}$$

4

$$18 = 2 \times 3 \times 3$$
$$27 = 3 \times 3 \times 3$$

18と27の最小公倍数

$$= \boxed{} = \boxed{}$$

解答は192ページ ▶▶

18 最小公倍数の求め方

5 280と630の最小公倍数を求めましょう。

$$280 = 2 \times 2 \times 2 \times 5 \times 7$$

$$630 = 2 \times 3 \times 3 \times 5 \times 7$$

280と630の最小公倍数 ＿＿＿＿＿＿＿＿＿＿＿

6 次はケンタの身長とヨシキの身長の最小公倍数を求める過程です。□にふさわしい数を書いて、ケンタとヨシキの身長を求めましょう。

ぼくの身長は □ ×7×11cmだ！

ぼくは 2×2×2×3× □ cmだ！

ヨシキ

ケンタ

2つの数の共通の素因数は2と7だとしたら、
最小公倍数は2×2×2×3×7× □ の1848だ。

ケンタの身長 □ cm　　　ヨシキの身長 □ cm

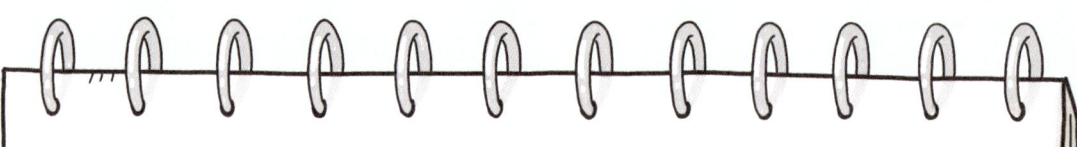

① 2つの数の共通の素因数で2つの数を割る。

$$2\ )\ \overline{\begin{array}{cc} 8 & 12 \end{array}}$$
$$\begin{array}{cc} 4 & 6 \end{array}$$

② これ以上共通の素因数をもてなくなるまで割り続ける。

$$2\ )\ \overline{\begin{array}{cc} 8 & 12 \end{array}}$$
$$2\ )\ \overline{\begin{array}{cc} 4 & 6 \end{array}}$$
$$\begin{array}{cc} 2 & 3 \end{array}$$

③ 共通の素因数と商をすべてかける。

$$2\ )\ \overline{\begin{array}{cc} 8 & 12 \end{array}}$$
$$2\ )\ \overline{\begin{array}{cc} 4 & 6 \end{array}}$$
$$\begin{array}{cc} 2 & 3 \end{array}$$

$$2 \times 2 \times 2 \times 3 = 24 \rightarrow 8と12の最小公倍数$$

月　　　日

解答は192ページ ▶▶

✏️ あたえられた2つの数を同時に割って、最小公倍数を求めましょう。

〈例〉

$$2 \overline{)\ 6\quad 30}$$
$$3 \overline{)\ 3\quad 15}$$
$$\quad\ 1\quad\ 5$$

➡ 6、30の最小公倍数
$$= 2 \times 3 \times 1 \times 5$$
$$= 30$$

1

$$\square \overline{)\ 28\quad 42}$$
$$\square \overline{)\ \square\quad \square}$$
$$\quad\ \square\quad \square$$

➡ 28、42の最小公倍数
$$=\ \underline{\qquad\qquad}$$
$$=\ \underline{\qquad\qquad}$$

2

$$\square \overline{)\ 27\quad 45}$$
$$\square \overline{)\ \square\quad \square}$$
$$\quad\ \square\quad \square$$

➡ 27、45の最小公倍数
$$=\ \underline{\qquad\qquad}$$
$$=\ \underline{\qquad\qquad}$$

3

$$\square \overline{)\ 44\quad 66}$$
$$\square \overline{)\ \square\quad \square}$$
$$\quad\ \square\quad \square$$

➡ 44、66の最小公倍数
$$=\ \underline{\qquad\qquad}$$
$$=\ \underline{\qquad\qquad}$$

4

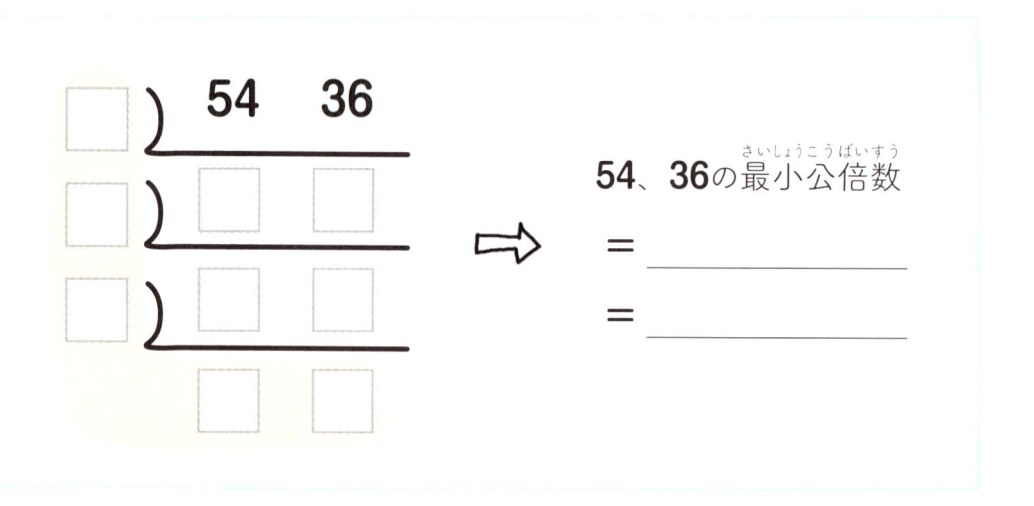

54、36の最小公倍数

= _____

= _____

5

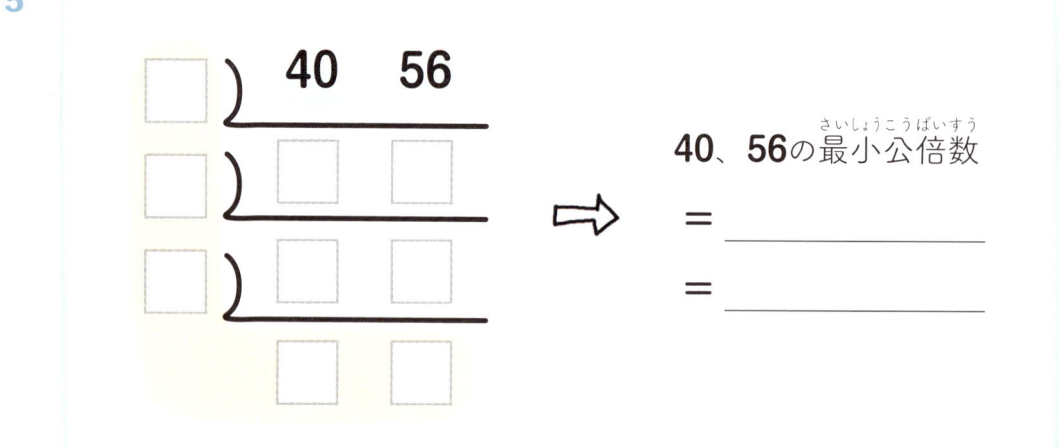

40、56の最小公倍数

= _____

= _____

6

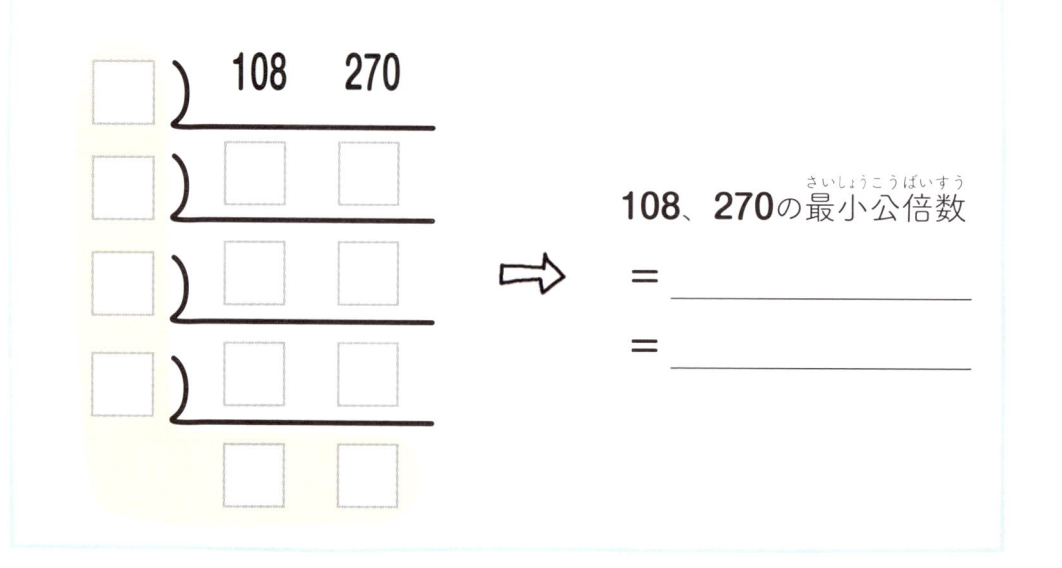

108、270の最小公倍数

= _____

= _____

7 次はある3つの数字 *a*、*b*、*c* の最小公倍数を求める過程です。□に入る数を書いてから、*a*、*b*、*c*の和と*d*、*e*、*f*の最小公倍数を求めましょう。

a + *b* + *c*

d、*e*、*f*の最小公倍数

8 次の問いに答えましょう。

午後3時ぴったりに108番のバスと519番のバスが同時に通りすぎていった。2台のバスがまた同時に通り過ぎるいちばん早い時間はいつだろう？

BUS

108
配車間隔 25分
519
配車間隔 35分

答え　午後 □ 時 □ 分

CHAPTER 3

進法の誕生

ここでは数を表すときの基準となる「進法」を学びます。プログラミングやデータ処理では2進法や16進法がたびたび登場し、デザインを扱うときなどにも便利！ 特に2進法はデジタル社会を陰で支えてくれているたのもしい存在です。進法の考え方をしっかり理解しましょう。

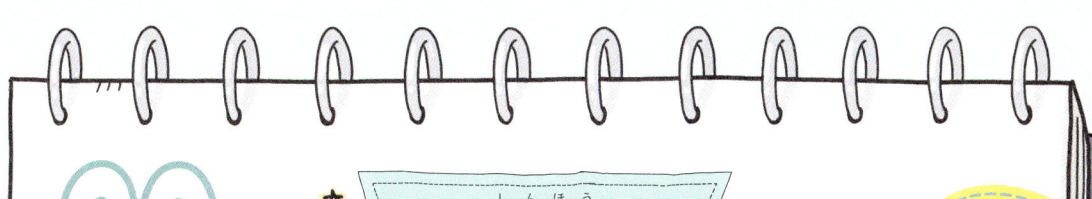

進法

★ **進法**：あらかじめ定められた数字を用いて数を表す方法

どうかわるのかって？

位が左に進むたびに
数字が意味する値が大
きくなるんだ！

10進法ではこうやって10ずつ大きくなって、

1 2 0 2

1×10×10×10 ＋ 2×10×10 ＋ 0×10 ＋ 2×1

3進法ではこんなふうに3ずつ大きくなるよ。

1 2 0 2

1×3×3×3 ＋ 2×3×3 ＋ 0×3 ＋ 2×1

ぼくらがふだん使ってるのは
10進法だよ！

指は10本だから、
10をひとまとめにして
位をあげていくってわけ

次の例を見て、いろんな進法の数が意味する値を10進法で書き表しましょう。

2進法

〈例〉 **101**

=1× 2 × 2 +0× 2 +1× 1
= 4 + 0 + 1
= 5

1　9進法

38

=3×□ +8×□
=□ + □
=□

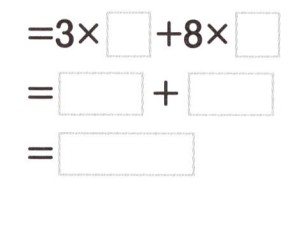
10進法で書くというのは、私たちがふだん使う数に変えて表すということなんだ

2　7進法

16

=1×□ +6×□
=□ + □
=□

3　6進法

250

=2×□×□ + 5×□ + 0×□
=□ + □ + □
=□

4　5進法

423

=4×□×□ + 2×□ + 3×□
=□ + □ + □
=□

5　4進法

333

=3×□×□ + 3×□ + 3×□
=□ + □ + □
=□

6　8進法

1764

=1×□ ×8×□ + □ ×□ ×8+6×□ +4×□
=512+448+ □ + □ = □

20 進法

解答は193、194ページ ▶▶

✏️ 次のイラストは、ある食料品店の果物とやさいの数をいろんな進法で表したものです。それぞれの果物とやさいの数にあわせて色を塗りましょう。

4進法 〈例〉 **13**個

$$= \boxed{1} \times 4 + \boxed{3} \times 1$$
$$= \boxed{4} + \boxed{3}$$
$$= \boxed{7} \,個$$

7 **7進法** **10**個

$$= \boxed{} \times 7 + \boxed{} \times 1$$
$$= \boxed{} + \boxed{}$$
$$= \boxed{} \,個$$

8 **6進法** **22**個

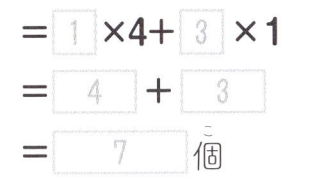

$$= \boxed{} \times 6 + \boxed{} \times 1$$
$$= \boxed{} + \boxed{}$$
$$= \boxed{} \,個$$

9 **5進法** **23**個

$$= \boxed{} \times 5 + \boxed{} \times 1$$
$$= \boxed{} + \boxed{}$$
$$= \boxed{} \,個$$

10 **3進法** **120**個

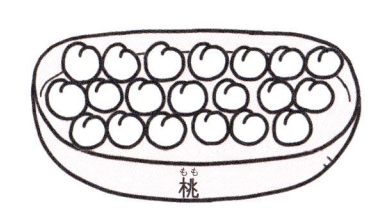

$$= \boxed{} \times 3 \times 3 + \boxed{} \times 3 + \boxed{} \times 1$$
$$= \boxed{} + \boxed{} + \boxed{}$$
$$= \boxed{} \,個$$

次の例を見て、太字の数字が意味する値を10進法で書き表しましょう。

3進法（しんほう）

〈例〉 **2**11

太字の数字だけ！

$$\boxed{2} \times \boxed{3} \times \boxed{3}$$
$$= \boxed{18}$$

---

11 5進法（しんほう）

243

$$\boxed{} \times \boxed{} \times \boxed{}$$
$$= \boxed{}$$

---

12 8進法（しんほう）

7**2**

$$\boxed{} \times \boxed{}$$
$$= \boxed{}$$

13 9進法（しんほう）

1**3**

$$\boxed{} \times \boxed{}$$
$$= \boxed{}$$

---

14 7進法（しんほう）

5**4**1

$$\boxed{} \times \boxed{}$$
$$= \boxed{}$$

15 4進法（しんほう）

1**3**22

$$\boxed{} \times \boxed{} \times \boxed{}$$
$$= \boxed{}$$

---

16 6進法（しんほう）

235

$$\boxed{} \times \boxed{} \times \boxed{}$$
$$= \boxed{}$$

17 2進法（しんほう）

1**1**011

$$\boxed{} \times \boxed{} \times \boxed{} \times \boxed{}$$
$$= \boxed{}$$

18 ガラス瓶のなかに入れた砂の数を4進法で表したものがあります。太字の数字が意味する値を10進法で書きましょう。

$$2310032012310\textbf{3}2123$$

答え

19 下の惑星たちは「5進法」を表現したものです。それぞれの惑星が大きさによって0から4までの数字を意味するとき、惑星たちが表現している「5進法のある数」が意味する値を10進法で書きましょう。

答え

  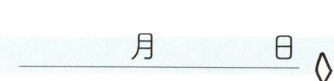

 コンピュータは人間とは異なり、2進法を使います。消えている電気信号は0、ついている電気信号は1を意味するとき、それぞれのコンピュータの電気信号が意味する値を10進法で書きましょう。

20

答え _____

21

答え _____

22

答え _____

23

答え _____

24

答え _____

25

答え _____

20 進法

解答は194ページ ▶

26 さまざまな進法の数とそれが意味する10進法の値を線でつなぎましょう。

3進法　**22**　・　　　　　　　・　**9**

4進法　**30**　・　　　　　　　・　**16**

5進法　**14**　・　　　　　　　・　**8**

6進法　**24**　・　　　　　　　・　**28**

2進法　**1101**　・　　　　　　　・　**12**

9進法　**31**　・　　　　　　　・　**13**

27 次はある進法の数123が意味する値を10進法に変えて書いたものです。
123はどんな進法の数だったでしょうか？　□を埋めましょう。

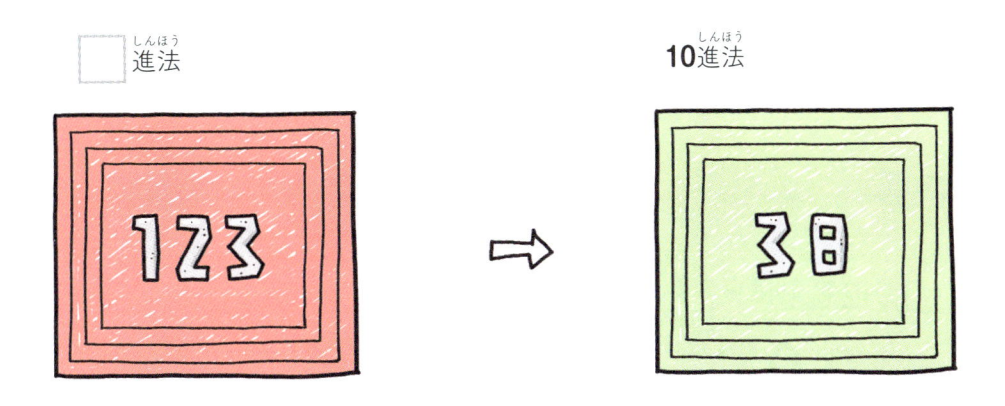

□進法　　　　　　　　　　10進法

123　⇒　38

21 進法の表現①

チャレンジ！

★ ある数を3進法で表現する方法

① 3つずつまとめる。

② まとめたものが3つ以上になったら、まとめたものをさらに3つずつまとめる。

③ まとめたものが3つよりも少なくなるまでくり返す。

= さらにまとめたもの 1個、まとめたもの 1個、ばらの数2個

④ いちばん大きなまとまりから、ばらの数までの個数を順番に書きだす。

112

ほかの進法も同じだよ！

もし、4進法なら、まとめたものが4個よりも少なくなるまで4個ずつまとめていけばいいんだ

=まとめたもの2個、ばらの数0個

20

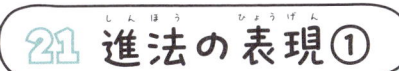

月　　　日

解答は194ページ ▶

　果物の数をあたえられた進法で表しましょう。

1　

4進法　　　　　　　　個

2

5進法　　　　　　　　個

3

2進法　　　　　　　　個

4　

3進法　　　　　　　　個

5

7進法　　　　　　　　個

月　　　日

解答は194ページ ▶▶

お皿の上のスイーツの数を、あたえられた進法に合わせて表しましょう。

6

9進法　　　　　　　個

7

3進法　　　　　　　個

8

4進法　　　　　　　個

9

6進法　　　　　　　個

10

5進法　　　　　　　個

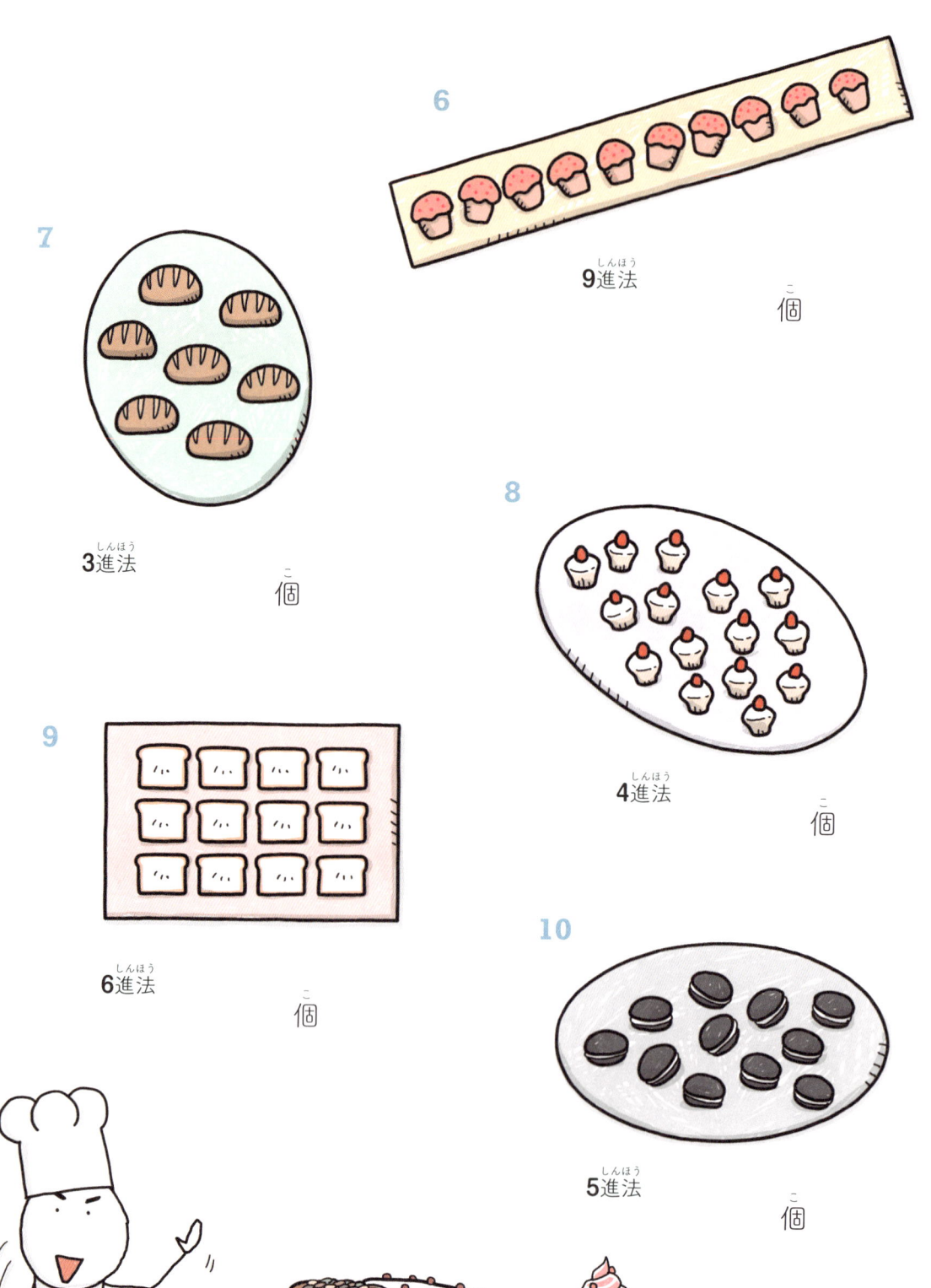

22

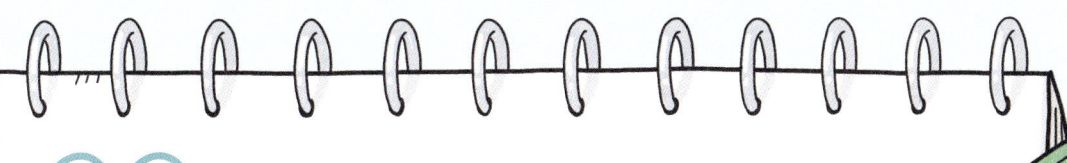

進法の表現②

チャレンジ！

★ ある数を3進法で表現する方法

① 3の倍数で表す。

$$14 \Rightarrow 4 \times 3 + 2$$

② かけた数が3以上になれば、その数はさらに3×3でまとめ直す。

$$14 \Rightarrow 1 \times 3 \times 3 + 1 \times 3 + 2$$

③ 残った数が3よりも小さくなるまでくり返す。

④ かけた数たちを順番に書いておく。

1 1 2

このように3進法では
3よりも小さい数が使われるんだね

かけた数はいつも3よりも小さいから！

次の数をあたえられた進法で表しましょう。

〈例〉

3進法

21 ⇨ 210

$21 = \boxed{7} \times 3 + \boxed{0}$

$\quad = \boxed{2} \times 3 \times 3 + \boxed{1} \times 3 + \boxed{0}$

1

4進法

19 ⇨

$19 = \boxed{} \times 4 + \boxed{}$

$\quad = \boxed{} \times 4 \times 4 + \boxed{} \times 4 + \boxed{}$

2

7進法

15 ⇨

$15 = \boxed{} \times 7 + \boxed{}$

3

5進法

49 ⇨

$49 = \boxed{} \times 5 + \boxed{}$

$\quad = \boxed{} \times 5 \times 5 + \boxed{} \times 5 + \boxed{}$

4

6進法

37 ⇨

$37 = \boxed{} \times 6 + \boxed{}$

$\quad = \boxed{} \times 6 \times 6 + \boxed{} \times 6 + \boxed{}$

5

9進法

99 ⇨

$99 = \boxed{} \times 9 + \boxed{}$

$\quad = \boxed{} \times 9 \times 9 + \boxed{} \times 9 + \boxed{}$

6

3進法

34 ⇨

$34 = \boxed{} \times 3 + \boxed{}$

$\quad = \boxed{} \times 3 \times 3 + \boxed{} \times 3 + \boxed{}$

$\quad = \boxed{} \times 3 \times 3 \times 3 + \boxed{} \times 3 \times 3$

$\quad\quad + \boxed{} \times 3 + \boxed{}$

7

2進法

13 ⇨

$13 = \boxed{} \times 2 + \boxed{}$

$\quad = \boxed{} \times 2 \times 2 + \boxed{} \times 2 + \boxed{}$

$\quad = \boxed{} \times 2 \times 2 \times 2 + \boxed{} \times 2 \times 2$

$\quad\quad + \boxed{} \times 2 + \boxed{}$

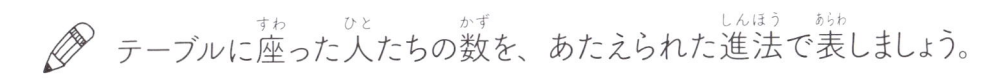 テーブルに座った人たちの数を、あたえられた進法で表しましょう。

8 5進法

人

9 2進法

人

10 8進法

人

11 3進法

人

進法の表現③

★ 割り算で進法を変換する方法

14 ⇨ 3 進法

① 変換したい進法の数で割る。

② 右側に余りを書いておく。

3) 14 … 2

3) 4 … 1

1

③ これ以上割れなくなるまでくり返す。

④ 余りを下から順番に書いておく。

3) 14 … 2

3) 4 … 1

1

⇨ 112

計算を終えたら
かならず検算をしよう！

3進法   10進法

112 ⇨ 1 × 3 × 3 + 1 × 3 + 2 × 1
= 14

23 進法の表現③

月　　日

解答は195ページ

次の数をあたえられた進法に変換しましょう。

1 31 ⇨ 5進法

5) 31 … □
5) □ … □
□

□□□

2 99 ⇨ 7進法

7) 99 … □
7) □ … □
□

□□□

3 13 ⇨ 2進法

2) 13 … □
2) □ … □
2) □ … □
□

□□□□

4 70 ⇨ 4進法

4) 70 … □
4) □ … □
4) □ … □
□

□□□□

✏️ 次の数をあたえられた進法に変換しましょう。

5 200 ⇒ **5** 進法

5) 200 ⋯ ☐
5) ☐ ⋯ ☐
5) ☐ ⋯ ☐
☐

☐ ☐ ☐ ☐

6 121 ⇒ **4** 進法

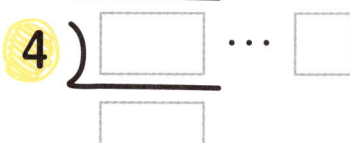

4) 121 ⋯ ☐
4) ☐ ⋯ ☐
4) ☐ ⋯ ☐
☐

☐ ☐ ☐ ☐

7 107 ⇒ **3** 進法

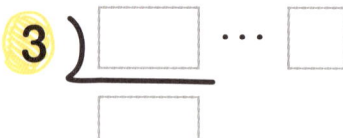

3) 107 ⋯ ☐
3) ☐ ⋯ ☐
3) ☐ ⋯ ☐
3) ☐ ⋯ ☐
☐

☐ ☐ ☐ ☐ ☐

8 51 ⇒ **2** 進法

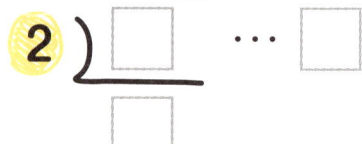

2) 51 ⋯ ☐
2) ☐ ⋯ ☐
2) ☐ ⋯ ☐
2) ☐ ⋯ ☐
2) ☐ ⋯ ☐
☐

☐ ☐ ☐ ☐ ☐ ☐

  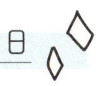
✏️ A、B、Cの国それぞれ2進法、3進法、4進法を使っています。地図を見て、
それぞれの国に存在する地域の個数を、各国の進法にあわせて書きましょう。

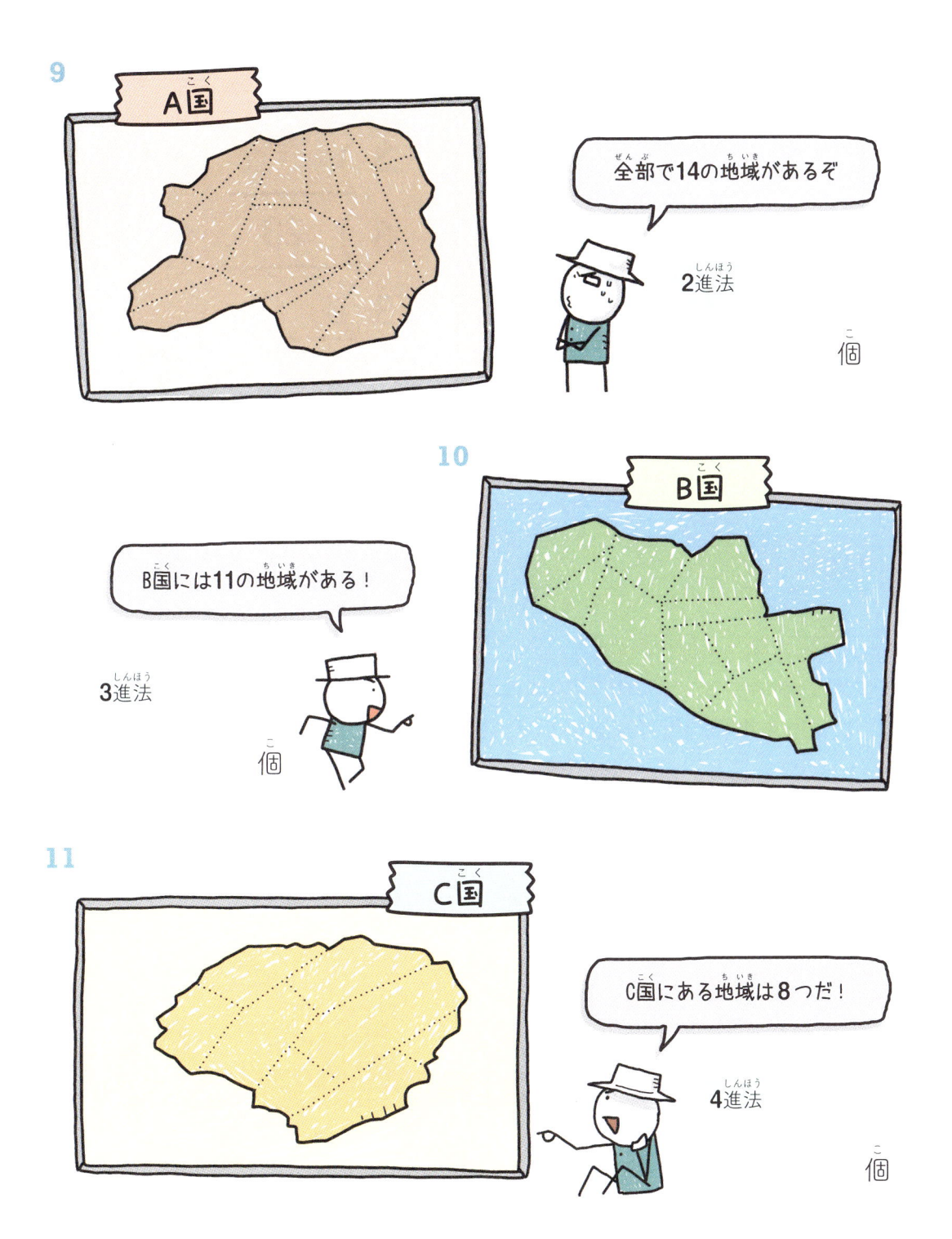

9

A国

全部で14の地域があるぞ

2進法

個

10

B国

B国には11の地域がある！

3進法

個

11

C国

C国にある地域は8つだ！

4進法

個

解答は196ページ ▶▶

12 担任の先生の身長と体重を3進法に変換しようとしているところです。□を
ふさわしい数で埋めてから、先生の身長と体重を10進法で表しましょう。

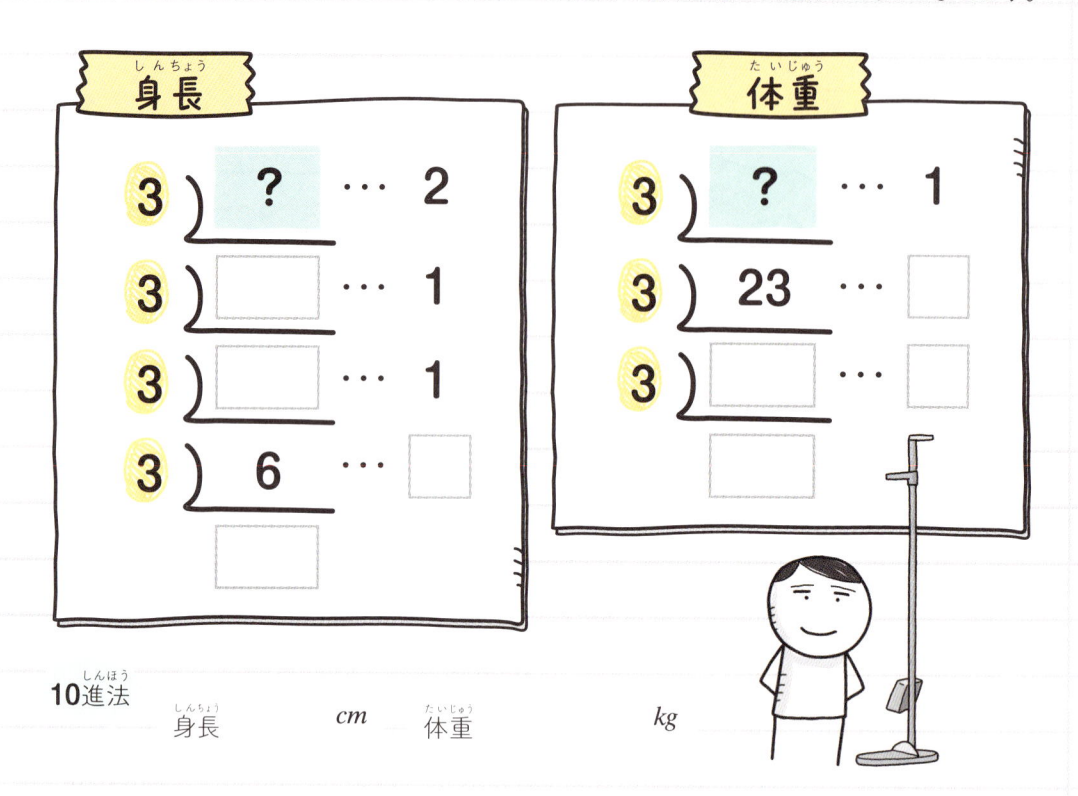

10進法　　身長　　　　　*cm*　　体重　　　　　　　*kg*

13 次はユキの靴のサイズをさまざまな進法で表したものです。□にふさわし
い数字を書き、ユキの足のサイズを10進法で表しましょう。

4進法	□進法	6進法	9進法
mm	**441** *mm*	**1013** *mm*	*mm*

ユキの足のサイズ　10進法　　　　　　　　　　*mm*

14 次の記事を読んで、4つの数字を自分で新たにつくって□を埋めてみましょう。

エイリアンがプレゼントした14本の指、結局10進法を消す

地球を侵略したエイリアンたちは、人間の指を10本ではなく14本にした。はじめは、人々もたいしたことないと思っていたが、数を数える基準が変わり、数の体系に混乱が生じると、社会が急激におかしくなり始めた。結局、論議の末に、人々は今年から10進法ではなく14進法を使うことにし、10、11、12、13の値を意味する4つの数字を下記のように新しくつくり、全世界に公表した。

新しい数字	つくった理由
10 ⇨	
11 ⇨	
12 ⇨	
13 ⇨	

※14進法では、14あつまると位をあげて1と書くため、14以上の数は必要ない。

それなら、27は□□□□ってしないとだね

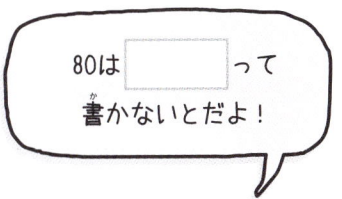

80は□□□□って書かないとだよ！

CHANGE 4

分数の誕生

ひとつのものを等分したとき、それが何個あるかを、分母と分子を使って表す方法が「分数」です。かんたんな数になおしたり、足したり引いたりするときの便利な計算方法に慣れてきたら、かけたり割ったりするときの分数ならではのルールも習得しましょう。

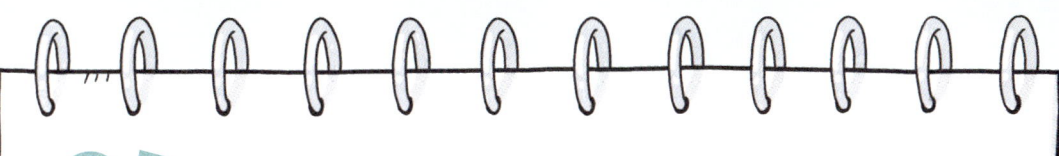
分数

★ **分数**：全体に対する部分の比率を表す数

$a \div b$ を $\dfrac{a}{b}$ のかたちで表したもの。

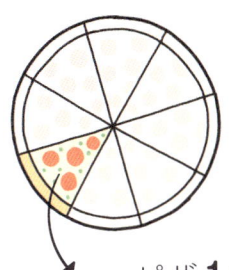

分数で表現するには
ピースの大きさがみんな同じじゃないと
だめだよ。気をつけて！

= ピザ **1**枚を **8** ピースに均等にわけたうちの1ピース

$$= 1 \div 8 = \dfrac{1}{8}$$

★ **分母**：分数の下の部分におく数。全体を何等分したのかを表す。

★ **分子**：分数の上の部分におく数。等分したうち、いくつ選択したのかを表す。

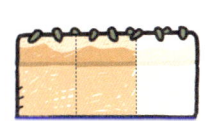　パン全体を3等分して2ピースを選んだもの $= \dfrac{2}{3}$

$\dfrac{2}{3}$ は2÷3と同じだから…
パン2つを3等分しても同じだね

月　　　日

解答は196ページ ▶

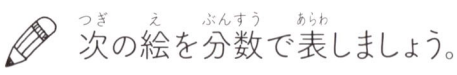 次の絵を分数で表しましょう。

1
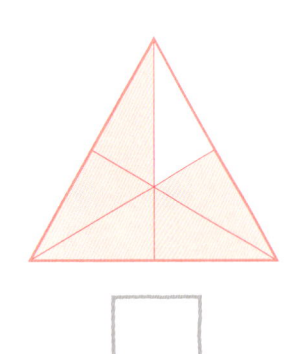

2

3
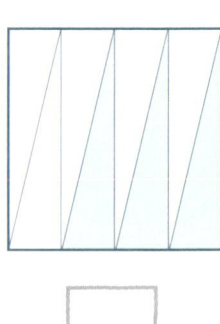

 あたえられた分数を〈例〉のように表し、それぞれの果物に色を塗りましょう。

〈例〉

$\dfrac{3}{4}$

答え → 12個の $\dfrac{3}{4}$ は 9個である。

4
$\dfrac{4}{5}$
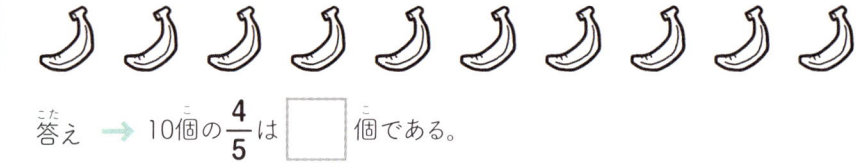

答え → 10個の $\dfrac{4}{5}$ は □ 個である。

5
$\dfrac{2}{7}$

答え → 14個の $\dfrac{2}{7}$ は □ 個である。

6
$\dfrac{5}{11}$

答え → 11個の $\dfrac{5}{11}$ は □ 個である。

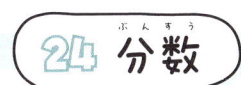 

解答は196ページ ▶▶

 宝石が意味する値を答えましょう。

7 15の$\dfrac{2}{3}$は ◇ だ。

◇ = _____

8 9の$\dfrac{4}{9}$は ⬭ だ。

⬭ = _____

9 ▮ の$\dfrac{1}{4}$は6だ。

▮ = _____

10 🔺 の$\dfrac{5}{8}$は10だ。

🔺 = _____

11 10の ◈ は7だ。

◈ = _____

12 18の ▯ は15だ。

▯ = _____

13 次のうち、分数にあった表現ができていないものを選んで○で囲みましょう。

$\dfrac{3}{8}$ 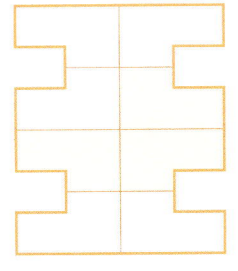　　$\dfrac{5}{12}$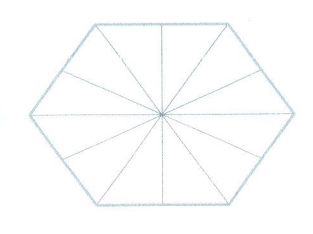

$\dfrac{3}{4}$ 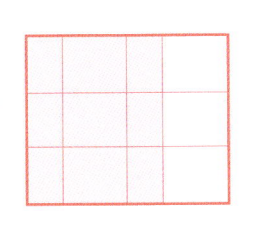　$\dfrac{1}{8}$ 　$\dfrac{1}{4}$

113

解答は196ページ ▶▶

14 次は分母の位置に0がくることのできない理由を説明しています。□にふさわしい言葉を入れましょう。

分母が0で、分子も0の場合

分母が0で、分子も0の分数を書こう。

$$\frac{0}{0}$$

↓

分数の値を a として

$$\frac{0}{0} = a$$

↓

分数を割り算にかえて

$$0 \div 0 = a$$

↓

割り算をかけ算にかえると

$$a \times 0 = 0$$

↓

式を満たす a は無数にあることがわかる。

$$1 \times 0 = 0 \quad 2 \times 0 = 0 \quad 3 \times 0 = 0 \cdots$$

つまり、a は無限に存在する。
よって、$\frac{0}{0}$ はこの世界に存在しない。

分母が0で、分子が0でない場合

分母が0で、分子が0でない分数を書こう。

$$\frac{3}{0}$$

↓

分数の値を b として

$$\frac{3}{0} = \boxed{}$$

↓

分数を割り算にかえて

$$\boxed{} \div \boxed{} = b$$

↓

割り算をかけ算にかえると

$$b \times \boxed{} = \boxed{}$$

↓

式を満たす b はないことがわかる。

$$1 \times 0 \neq 3 \quad 2 \times 0 \neq 3 \quad 3 \times 0 \neq 3 \cdots$$

つまり、b は存在しない。
よって、$\frac{3}{0}$ はこの世界に存在しない。

このように分子が0だろうと0でなかろうと、分母が0の分数は存在しないため
分母には絶対に0は来ない。
つまり数を0で割ることはできないんだよ。

なるほど！

分数の種類（ぶんすう の しゅるい）

★ 真分数（しんぶんすう）：分子（ぶんし）が分母（ぶんぼ）よりも小（ちい）さい分数（ぶんすう）

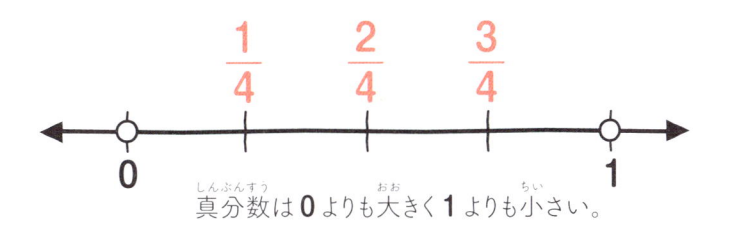

$$\frac{1}{4} \quad \frac{2}{4} \quad \frac{3}{4}$$

真分数（しんぶんすう）は **0** よりも大（おお）きく **1** よりも小（ちい）さい。

★ 仮分数（かぶんすう）：分子（ぶんし）が分母（ぶんぼ）と同（おな）じか、分母（ぶんぼ）よりも大（おお）きい分数（ぶんすう）

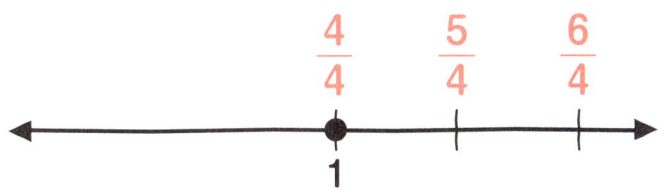

$$\frac{4}{4} \quad \frac{5}{4} \quad \frac{6}{4}$$

仮分数（かぶんすう）は **1** と同（おな）じか **1** よりも大（おお）きい。

★ 帯分数（たいぶんすう）：自然数（しぜんすう）と真分数（しんぶんすう）の和（わ）をまとめて表（あらわ）した分数（ぶんすう）

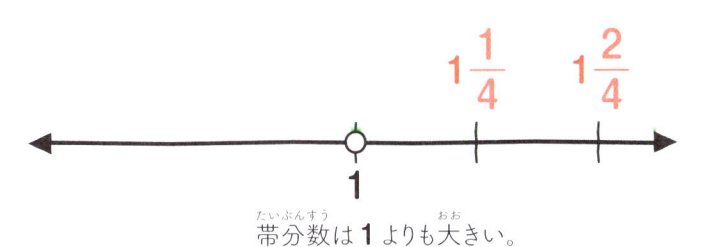

$$1\frac{1}{4} \quad 1\frac{2}{4}$$

帯分数（たいぶんすう）は **1** よりも大（おお）きい。

分数（ぶんすう）は部分（ぶぶん）を表（あらわ）す数（かず）だから、
1 よりも小（ちい）さい真分数（しんぶんすう）こそが
真（しん）の分数（ぶんすう）だって言（い）えると思（おも）う

真分数（しんぶんすう）は「本物（ほんもの）の分数（ぶんすう）」、
仮分数（かぶんすう）は「にせものの分数（ぶんすう）」
っていう意味（いみ）だよ

帯分数（たいぶんすう）の「帯」は腰（こし）にまく
帯（おび）を意味（いみ）しているよ

✏️ あたえられた分数を数直線の上に表し、真分数なのか、仮分数なのか、帯分数なのかを、ふき出しのなかに書きましょう。

〈例〉 $\dfrac{4}{5}$

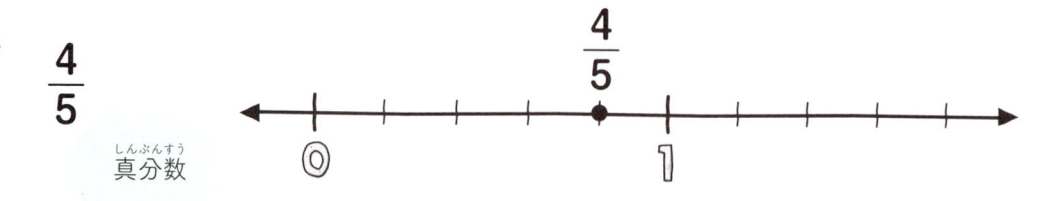

真分数

1 $\dfrac{9}{7}$

2 $1\dfrac{3}{8}$

3 $\dfrac{3}{3}$

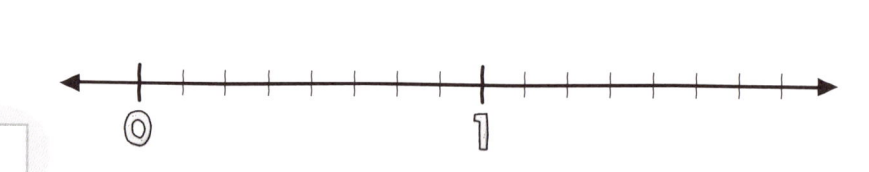

✏️ あたえられた分数が真分数なのか、仮分数なのか、帯分数なのかを答えましょう。

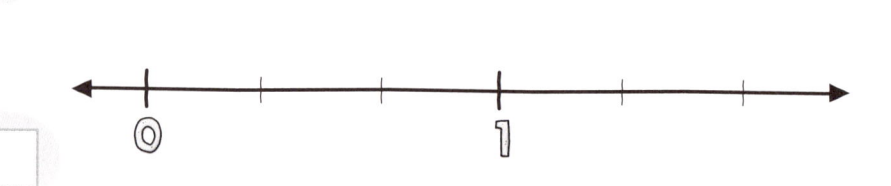

4 $2\dfrac{2}{5}$ →

5 $\dfrac{21}{10}$ →

6 $\dfrac{7}{2}$ →

7 $\dfrac{1}{99}$ →

8 $12\dfrac{4}{9}$ →

9 $\dfrac{3}{13}$ →

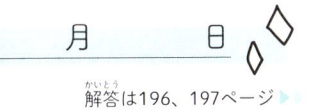
✏ それぞれの絵を帯分数と仮分数で表しましょう。

〈例〉

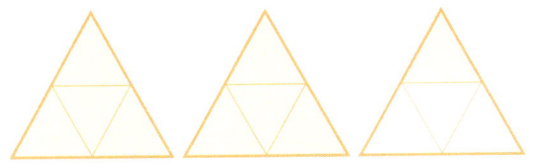

帯分数　$2\frac{1}{4}$　　仮分数　$\frac{9}{4}$

10

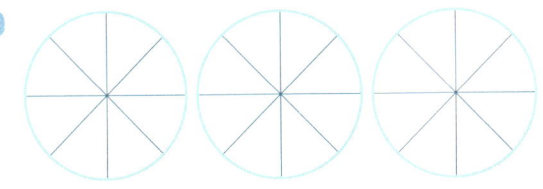

帯分数　　　　仮分数

11

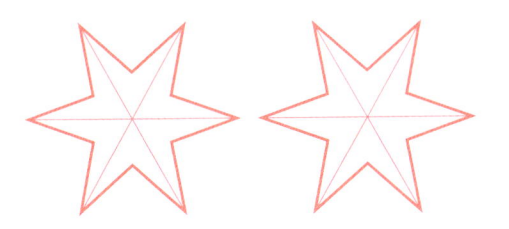

帯分数　　　　仮分数

12

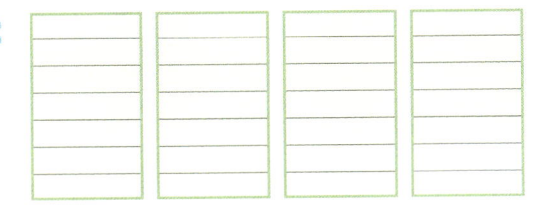

帯分数　　　　仮分数

✏ 仮分数を帯分数に、帯分数を仮分数にかえましょう。

13　$\frac{10}{7}$ →　　　　**14**　$\frac{3}{2}$ →　　　　**15**　$2\frac{2}{5}$ →

16　$\frac{9}{5}$ →　　　　**17**　$3\frac{5}{8}$ →　　　　**18**　$\frac{17}{6}$ →

19　$5\frac{1}{2}$ →　　　　**20**　$\frac{7}{4}$ →　　　　**21**　$2\frac{4}{9}$ →

月　日

解答は197ページ ▶▶

22 同じ値を意味するものを線でつなぎましょう。

$\dfrac{5}{3}$ ・　　　・ $3\dfrac{2}{3}$

$\dfrac{11}{3}$ ・　　　・ $2\dfrac{1}{3}$

$\dfrac{7}{3}$ ・　　　・ $2\dfrac{2}{3}$

$\dfrac{8}{3}$ ・　　　・ $1\dfrac{2}{3}$

$\dfrac{10}{3}$ ・　　　・ $3\dfrac{1}{3}$

23 おばあさんが説明する帯分数がなんなのか答えてから、その帯分数のぶんだけアップルパイに色を塗りましょう。

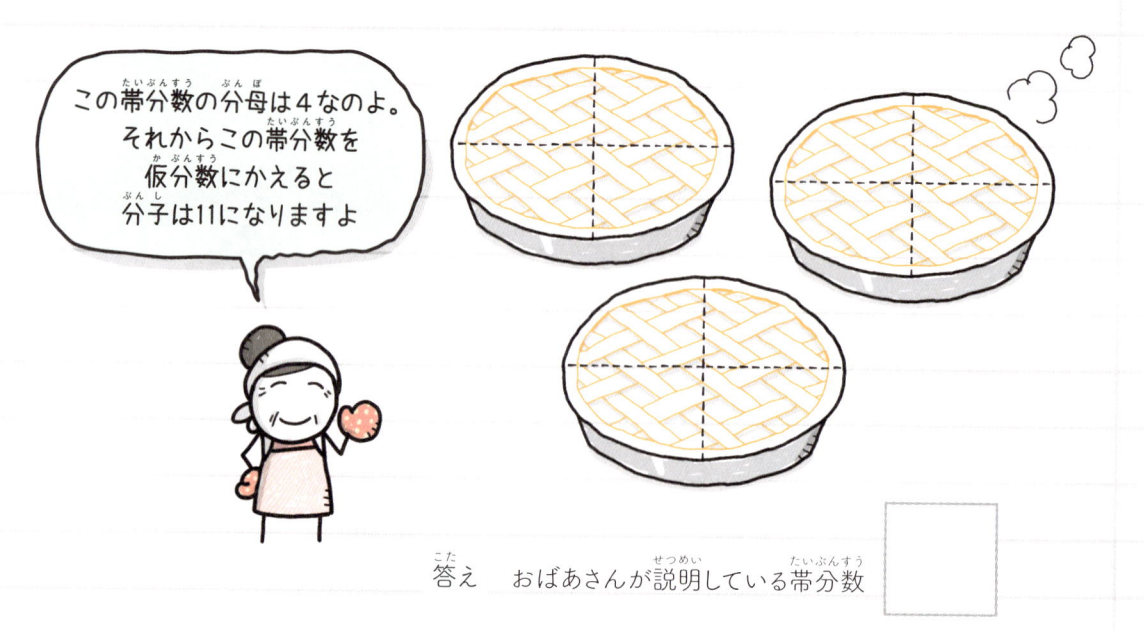

答え　おばあさんが説明している帯分数

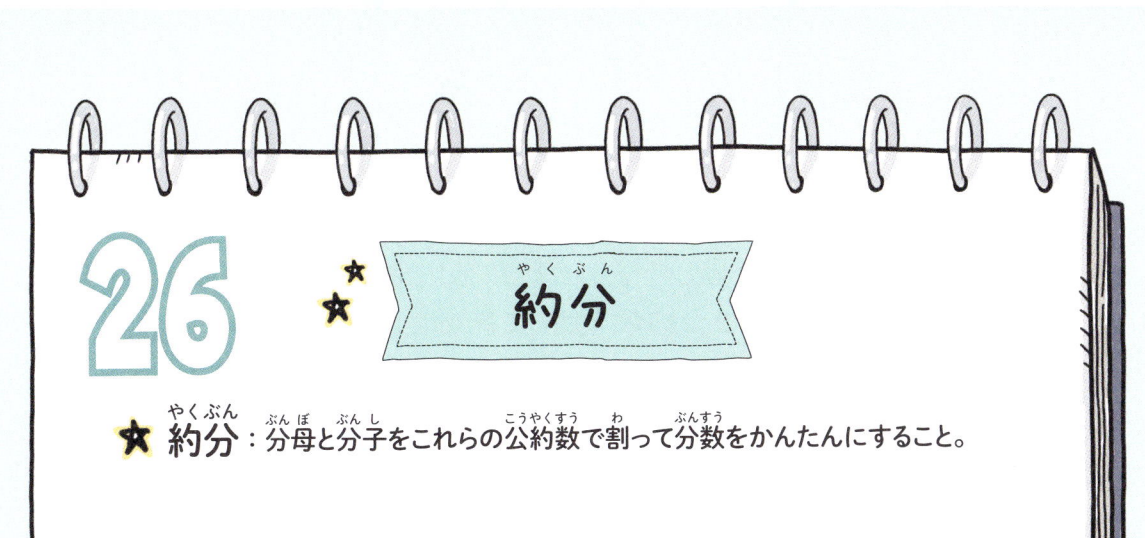

26 約分

★ 約分：分母と分子をこれらの公約数で割って分数をかんたんにすること。

$$\frac{12}{16} \Rightarrow \frac{12 \div 4}{16 \div 4} \Rightarrow \frac{3}{4}$$

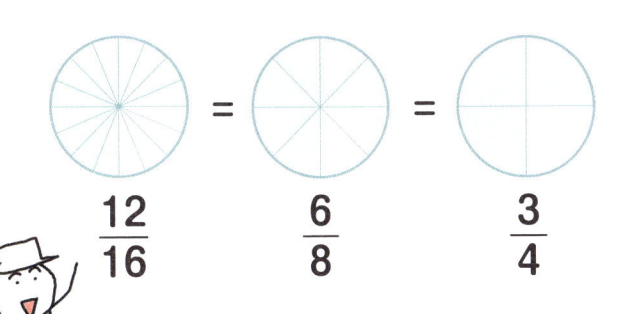

$$\frac{12}{16} \qquad \frac{6}{8} \qquad \frac{3}{4}$$

約分できる理由は、
分母と分子に同じ数をかけたり、
分母と分子を同じ数で割ったりしても
分数の大きさが同じだからなんだ

★ 既約分数：分母と分子の公約数が1しかなく、
それ以上約分できない分数

$$\frac{3}{4}$$

分母と分子をその
最大公約数で割ると
既約分数になるよ！

既に（すでに）約分された分数

月　　　日

解答（かいとう）は197ページ ▶▶

✏ あたえられた分数（ぶんすう）の分母（ぶんぼ）と分子（ぶんし）の公約数（こうやくすう）を1を除（のぞ）いて小（ちい）さいものから順番（じゅんばん）に書（か）いたあと、それぞれの公約数（こうやくすう）を使（つか）って約分（やくぶん）した結果（けっか）を書きましょう。

〈例（れい）〉

$\dfrac{16}{24}$

分母（ぶんぼ）と分子（ぶんし）の公約数（こうやくすう）　：　**2**　　**4**　　**8**

↓　　↓　　↓

公約数（こうやくすう）で約分（やくぶん）した結果（けっか）　：　$\dfrac{8}{12}$　$\dfrac{4}{6}$　$\dfrac{2}{3}$

1　$\dfrac{12}{30}$

分母と分子の公約数　：　□　□　□

↓　↓　↓

公約数で約分した結果　：　□　□　□

2　$\dfrac{15}{60}$

分母と分子の公約数　：　□　□　□

↓　↓　↓

公約数で約分した結果　：　□　□　□

3　$\dfrac{48}{80}$

分母と分子の公約数　：　□　□　□　□

↓　↓　↓　↓

公約数で約分した結果　：　□　□　□　□

4　$\dfrac{18}{54}$

分母と分子の公約数　：　□　□　□　□　□

↓　↓　↓　↓　↓

公約数で約分した結果　：　□　□　□　□　□

 **26 約分**

5 次のうち、既約分数すべてに○をつけましょう。

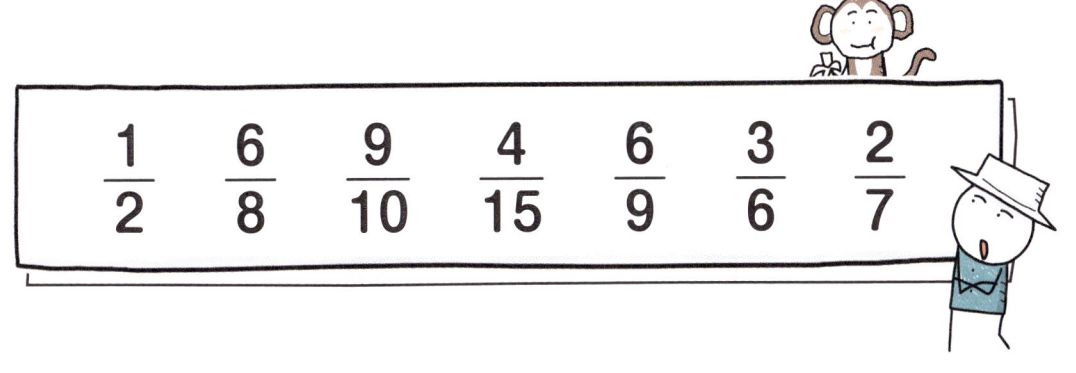

$$\frac{1}{2} \qquad \frac{6}{8} \qquad \frac{9}{10} \qquad \frac{4}{15} \qquad \frac{6}{9} \qquad \frac{3}{6} \qquad \frac{2}{7}$$

あたえられた分数を既約分数になるように約分しましょう。

分母と分子の最大公約数 ＝ **6**

$$\frac{18}{30} \Rightarrow \frac{18 \div 6}{30 \div 6} \Rightarrow \frac{3}{5}$$

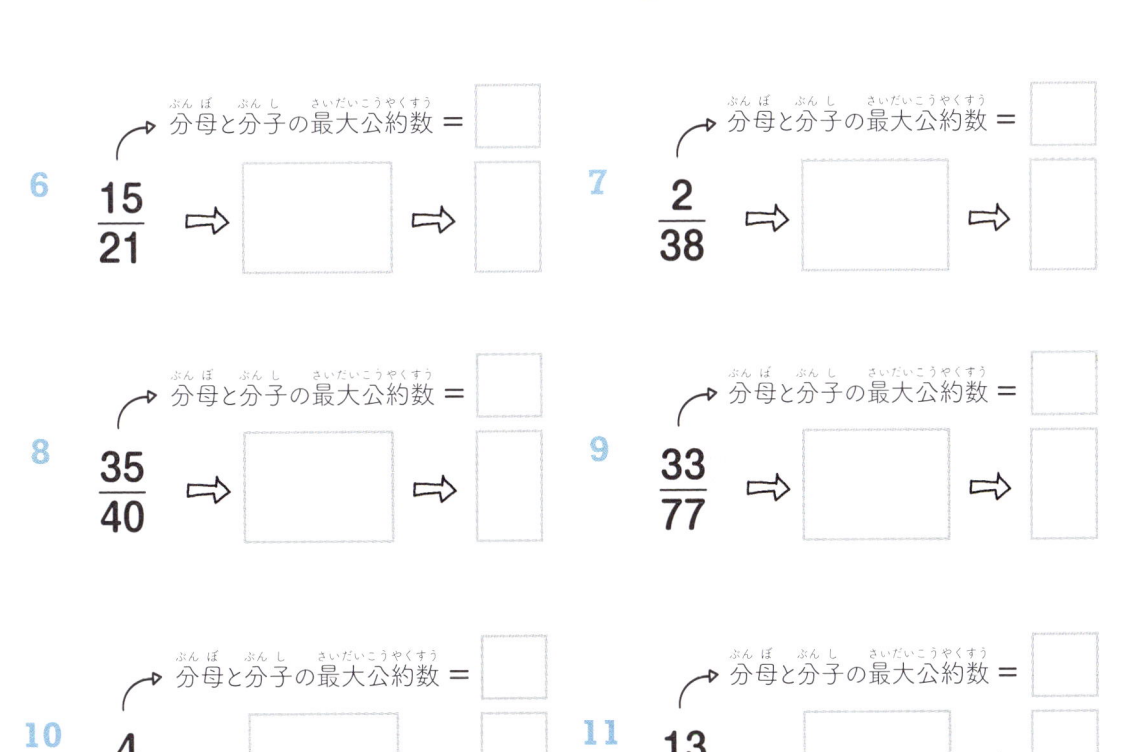

6　分母と分子の最大公約数 ＝ ☐

$$\frac{15}{21} \Rightarrow \boxed{} \Rightarrow \boxed{}$$

7　分母と分子の最大公約数 ＝ ☐

$$\frac{2}{38} \Rightarrow \boxed{} \Rightarrow \boxed{}$$

8　分母と分子の最大公約数 ＝ ☐

$$\frac{35}{40} \Rightarrow \boxed{} \Rightarrow \boxed{}$$

9　分母と分子の最大公約数 ＝ ☐

$$\frac{33}{77} \Rightarrow \boxed{} \Rightarrow \boxed{}$$

10　分母と分子の最大公約数 ＝ ☐

$$\frac{4}{62} \Rightarrow \boxed{} \Rightarrow \boxed{}$$

11　分母と分子の最大公約数 ＝ ☐

$$\frac{13}{39} \Rightarrow \boxed{} \Rightarrow \boxed{}$$

動物たちの言葉を分数で表したあと、それぞれの分数を既約分数になるように約分しましょう。

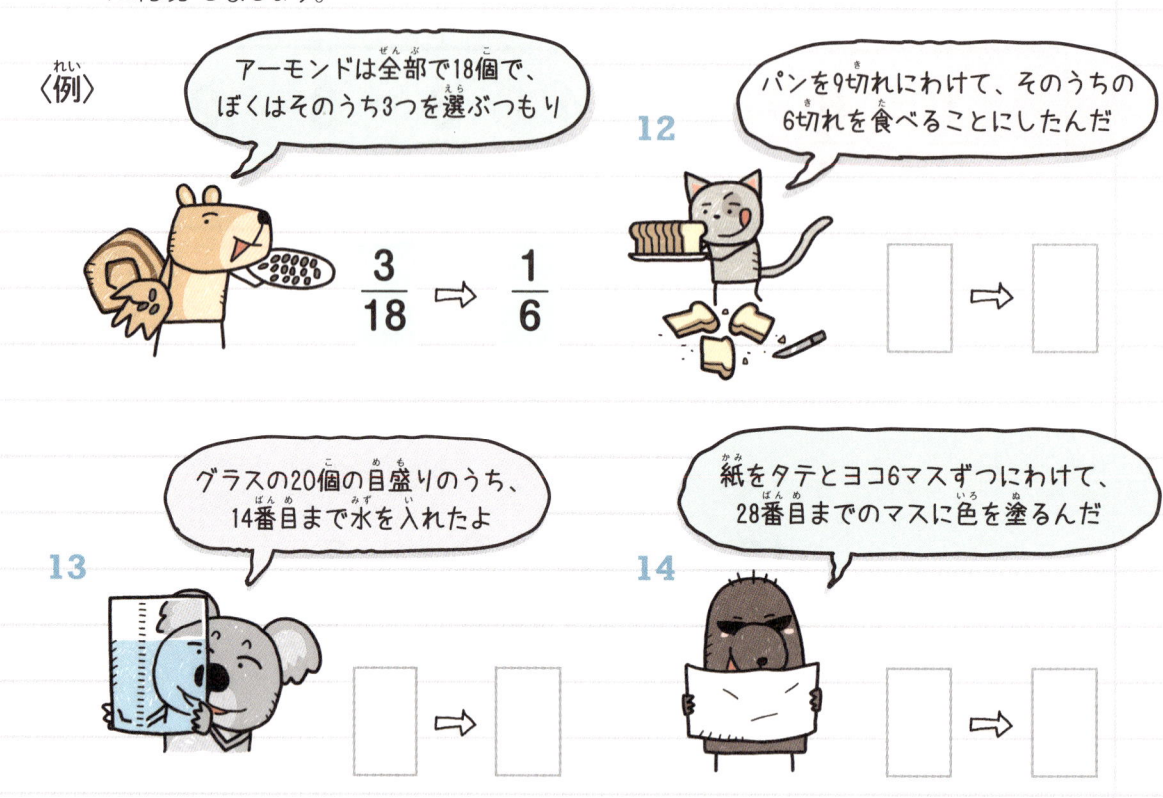

〈例〉 アーモンドは全部で18個で、ぼくはそのうち3つを選ぶつもり

$\dfrac{3}{18} \Rightarrow \dfrac{1}{6}$

12 パンを9切れにわけて、そのうちの6切れを食べることにしたんだ

13 グラスの20個の目盛りのうち、14番目まで水を入れたよ

14 紙をタテとヨコ6マスずつにわけて、28番目までのマスに色を塗るんだ

15 立札に書いてある分数と値が同じ分数の雲すべてに○をつけましょう。

16 それぞれの分数を既約分数にするために必要な公約数が書かれた道を選んで、迷路を脱出しましょう。

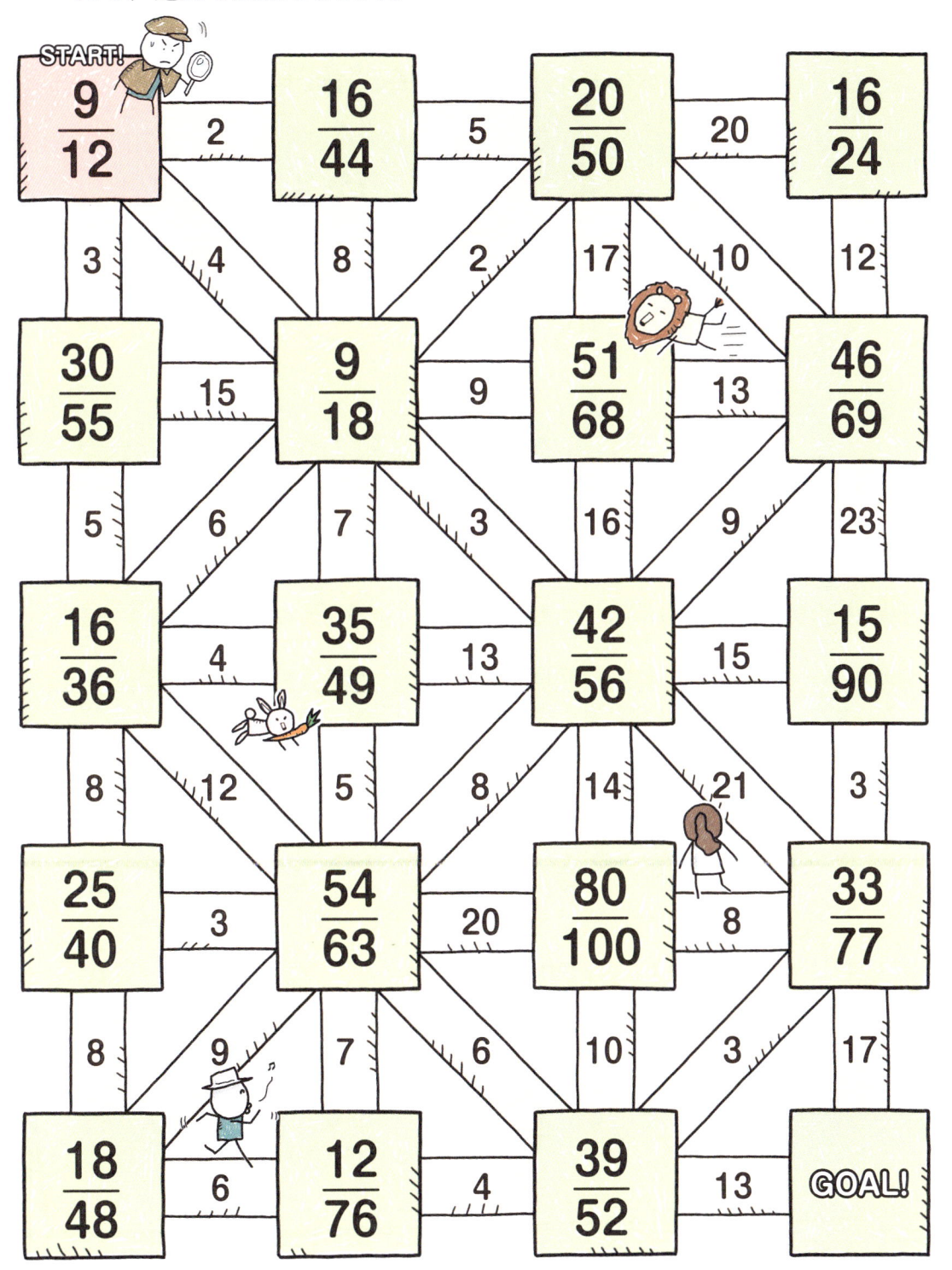

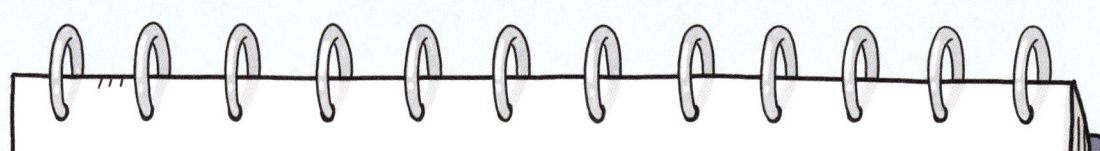

27 通分（つうぶん）

★ 通分（つうぶん）：いくつかの分数を共通の分母の分数にすること。

$$\frac{3}{4} \ 、 \ \frac{5}{6} \ \Rightarrow \ \frac{9}{12} \ 、 \ \frac{10}{12}$$

★ 共通分母：通分した分数たちが共通してもつ分母

通分（つうぶん）の方法（ほうほう）

①共通分母（きょうつうぶんぼ）=2つの分母をかけたもの

分母同士をそのままかけて共通分母をつくり、分母にかけた数を分子にもかける。

$$\frac{3}{4} \Rightarrow \frac{3 \times 6}{4 \times 6} \Rightarrow \frac{18}{24}$$

$$\frac{5}{6} \Rightarrow \frac{5 \times 4}{6 \times 4} \Rightarrow \frac{20}{24}$$

②共通分母（きょうつうぶんぼ）=2つの分母の最小公倍数（さいしょうこうばいすう）

2つの分母の最小公倍数を共通分母にして、分母にかけた数を分子にもかける。

$$\frac{3}{4} \Rightarrow \frac{3 \times 3}{4 \times 3} \Rightarrow \frac{9}{12}$$

$$\frac{5}{6} \Rightarrow \frac{5 \times 2}{6 \times 2} \Rightarrow \frac{10}{12}$$

最小公倍数（さいしょうこうばいすう）を共通分母（きょうつうぶんぼ）にしたほうが、通分（つうぶん）した値（あたい）はよりかんたんだ

解答は198ページ ▶▶

月　　　　日

✏️ 2つの分母をかけたものを共通分母にして分数を通分しましょう。

$$\frac{1}{2} \Rightarrow \frac{1 \times 5}{2 \times 5} \Rightarrow \frac{5}{10}$$

$$\frac{1}{5} \Rightarrow \frac{1 \times 2}{5 \times 2} \Rightarrow \frac{2}{10}$$

1

$$\frac{1}{3} \Rightarrow \frac{1 \times \square}{3 \times \square} \Rightarrow \frac{\square}{\square}$$

$$\frac{2}{5} \Rightarrow \frac{2 \times \square}{5 \times \square} \Rightarrow \frac{\square}{\square}$$

2

$$\frac{3}{7} \Rightarrow \frac{3 \times \square}{7 \times \square} \Rightarrow \frac{\square}{\square}$$

$$\frac{1}{4} \Rightarrow \frac{1 \times \square}{4 \times \square} \Rightarrow \frac{\square}{\square}$$

3

$$\frac{1}{6} \Rightarrow \frac{1 \times \square}{6 \times \square} \Rightarrow \frac{\square}{\square}$$

$$\frac{2}{3} \Rightarrow \frac{2 \times \square}{3 \times \square} \Rightarrow \frac{\square}{\square}$$

4

$$\frac{4}{9} \Rightarrow \frac{4 \times \square}{9 \times \square} \Rightarrow \frac{\square}{\square}$$

$$\frac{3}{5} \Rightarrow \frac{3 \times \square}{5 \times \square} \Rightarrow \frac{\square}{\square}$$

5

$$\frac{7}{10} \Rightarrow \frac{7 \times \square}{10 \times \square} \Rightarrow \frac{\square}{\square}$$

$$\frac{4}{5} \Rightarrow \frac{4 \times \square}{5 \times \square} \Rightarrow \frac{\square}{\square}$$

6

$$\frac{3}{4} \Rightarrow \frac{3 \times \square}{4 \times \square} \Rightarrow \frac{\square}{\square}$$

$$\frac{3}{8} \Rightarrow \frac{3 \times \square}{8 \times \square} \Rightarrow \frac{\square}{\square}$$

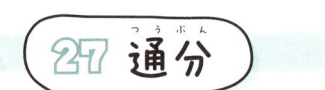  

月　　　日

解答は198ページ ▶▶

✎ 2つの分母の最小公倍数を共通分母にして分数を通分しましょう。

$$\frac{1}{6} \Rightarrow \frac{1 \times 3}{6 \times 3} \Rightarrow \frac{3}{18}$$

$$\frac{1}{9} \Rightarrow \frac{1 \times 2}{9 \times 2} \Rightarrow \frac{2}{18}$$

7

$$\frac{1}{4} \Rightarrow \frac{1 \times \square}{4 \times \square} \Rightarrow \frac{\square}{\square}$$

$$\frac{1}{6} \Rightarrow \frac{1 \times \square}{6 \times \square} \Rightarrow \frac{\square}{\square}$$

8

$$\frac{1}{3} \Rightarrow \frac{1 \times \square}{3 \times \square} \Rightarrow \frac{\square}{\square}$$

$$\frac{2}{9} \Rightarrow \frac{2 \times \square}{9 \times \square} \Rightarrow \frac{\square}{\square}$$

9

$$\frac{1}{2} \Rightarrow \frac{1 \times \square}{2 \times \square} \Rightarrow \frac{\square}{\square}$$

$$\frac{7}{10} \Rightarrow \frac{7 \times \square}{10 \times \square} \Rightarrow \frac{\square}{\square}$$

10

$$\frac{3}{8} \Rightarrow \frac{3 \times \square}{8 \times \square} \Rightarrow \frac{\square}{\square}$$

$$\frac{5}{12} \Rightarrow \frac{5 \times \square}{12 \times \square} \Rightarrow \frac{\square}{\square}$$

11

$$\frac{2}{7} \Rightarrow \frac{2 \times \square}{7 \times \square} \Rightarrow \frac{\square}{\square}$$

$$\frac{3}{14} \Rightarrow \frac{3 \times \square}{14 \times \square} \Rightarrow \frac{\square}{\square}$$

12

$$\frac{3}{10} \Rightarrow \frac{3 \times \square}{10 \times \square} \Rightarrow \frac{\square}{\square}$$

$$\frac{4}{15} \Rightarrow \frac{4 \times \square}{15 \times \square} \Rightarrow \frac{\square}{\square}$$

月　　日

解答は198ページ ▶▶

✎ 次は2つの分数を通分した結果を書いているところです。□にふさわしい数を入れましょう。

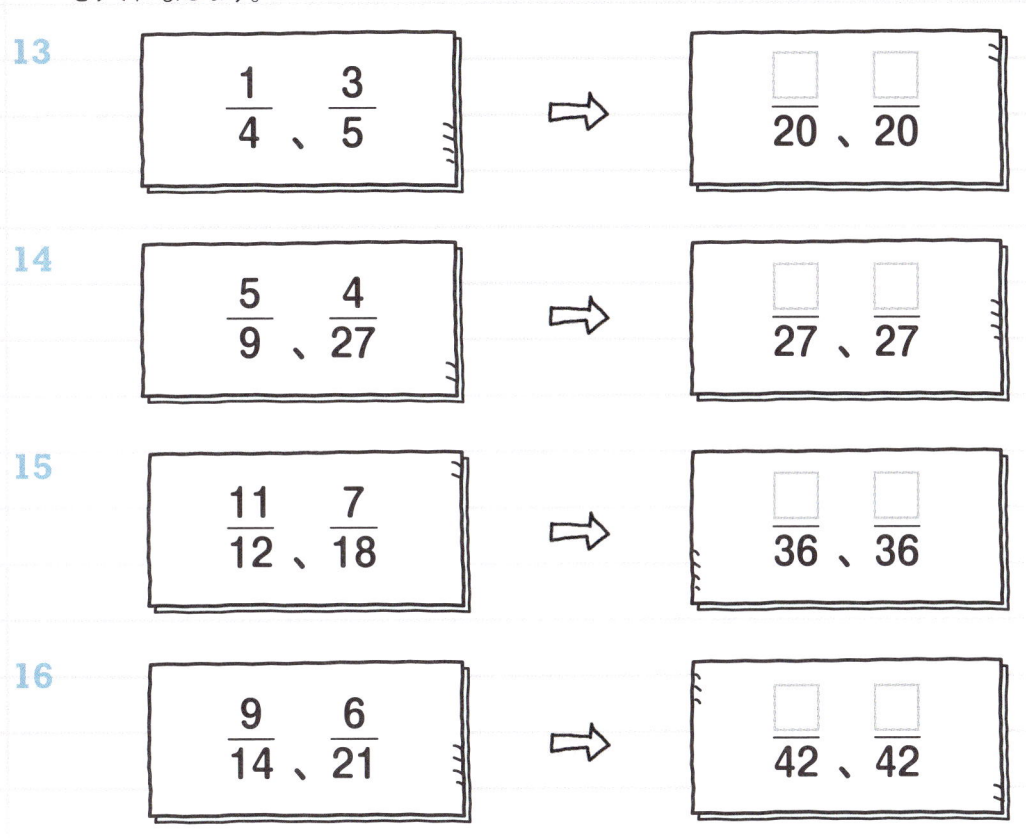

13　$\dfrac{1}{4}$ 、 $\dfrac{3}{5}$　⇒　$\dfrac{\square}{20}$ 、 $\dfrac{\square}{20}$

14　$\dfrac{5}{9}$ 、 $\dfrac{4}{27}$　⇒　$\dfrac{\square}{27}$ 、 $\dfrac{\square}{27}$

15　$\dfrac{11}{12}$ 、 $\dfrac{7}{18}$　⇒　$\dfrac{\square}{36}$ 、 $\dfrac{\square}{36}$

16　$\dfrac{9}{14}$ 、 $\dfrac{6}{21}$　⇒　$\dfrac{\square}{42}$ 、 $\dfrac{\square}{42}$

17　3つの分母の最小公倍数を使って分数を通分しましょう。

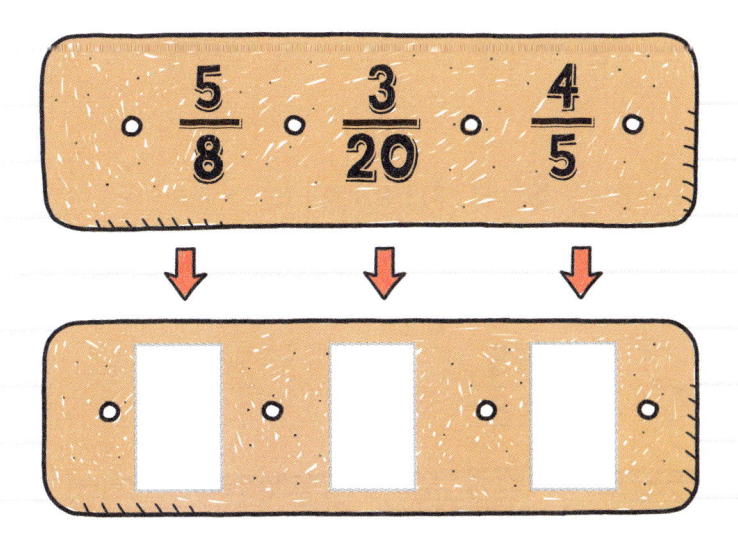

$\dfrac{5}{8}$ 　 $\dfrac{3}{20}$ 　 $\dfrac{4}{5}$

28 分数を比べる

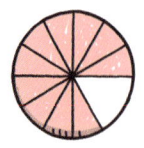 vs

$$\frac{10}{12}$$ $$\frac{7}{9}$$

① 約分して分数を既約分数にする。

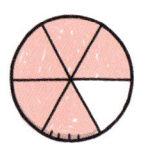 

$$\frac{10}{12} = \frac{5}{6}$$ $$\frac{7}{9}$$

共通分母が2つの分母の
最小公倍数になるように
通分してね！

② 通分して分母を同じにする。

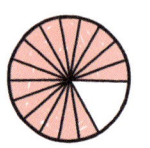 

$$\frac{5}{6} = \frac{15}{18}$$ $$\frac{7}{9} = \frac{14}{18}$$

分母が同じになるから、
1ピースの大きさも
同じになるよ

ピースの個数を意味する
分子だけを比べればいいんだ！

③ 分子同士を比較する。

◺ × 15   ◹ × 14

$$\frac{15}{18}$$ > $$\frac{14}{18}$$

次のような方法であたえられた分数の大きさを比べて、「＞」か「＜」の不等号を入れましょう。

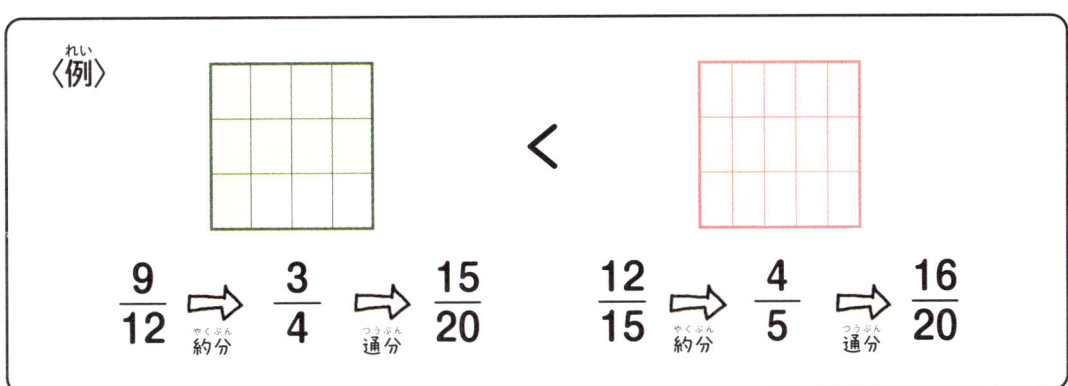

〈例〉

$$\frac{9}{12} \Rightarrow \frac{3}{4} \Rightarrow \frac{15}{20} \quad < \quad \frac{12}{15} \Rightarrow \frac{4}{5} \Rightarrow \frac{16}{20}$$

（約分・通分）

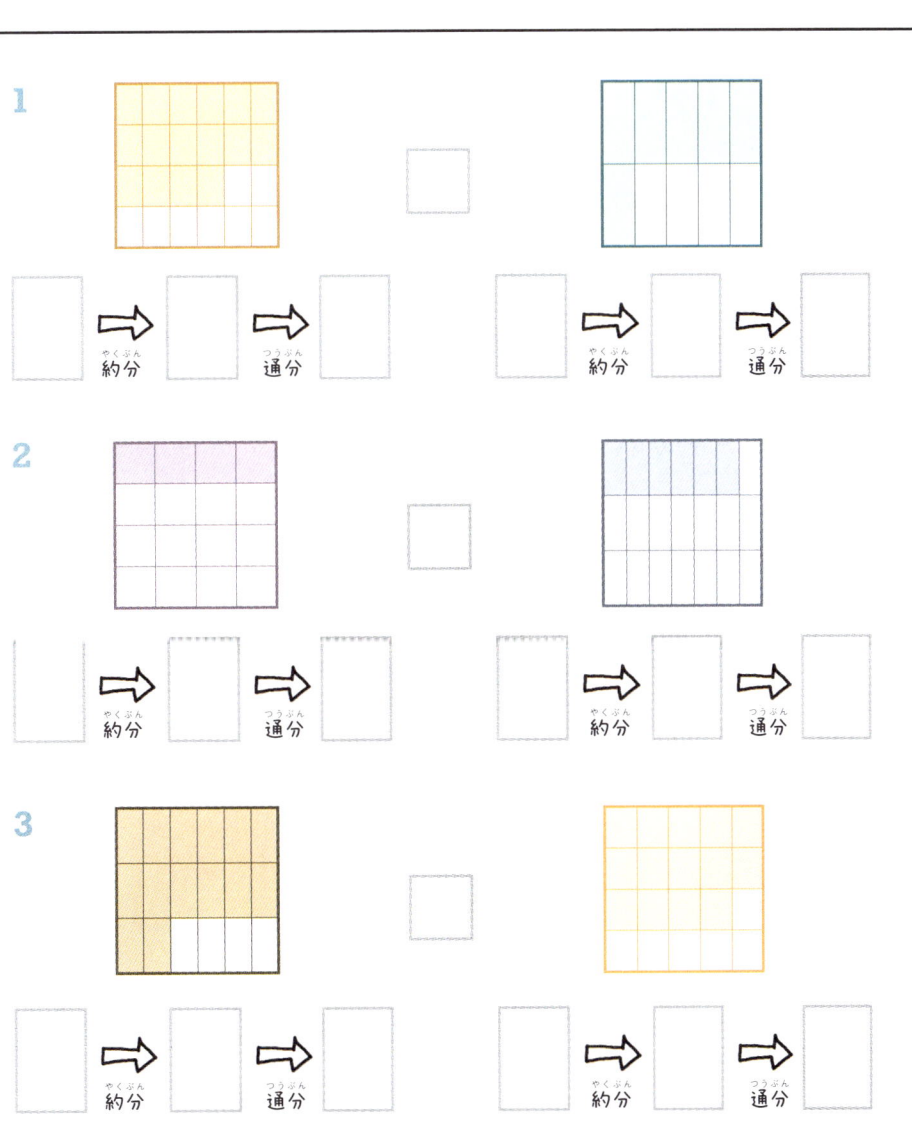

1

2

3

あたえられた分数のうち、いちばん大きい分数を○で囲みましょう。

〈例〉

$\frac{2}{5}$　$\frac{3}{8}$

4　　$\frac{1}{2}$　$\frac{3}{7}$

5　　$\frac{4}{9}$　$\frac{5}{11}$

6　　$\frac{3}{13}$　$\frac{2}{9}$

7　　$\frac{3}{4}$　$\frac{5}{7}$　$\frac{11}{14}$

8　　$\frac{2}{3}$　$\frac{3}{10}$　$\frac{5}{12}$

9　　$\frac{4}{5}$　$\frac{7}{8}$　$\frac{17}{20}$

10　　$\frac{5}{24}$　$\frac{3}{16}$　$\frac{1}{8}$

11　□に入る数が書かれたブロックをすべて選んで○で囲みましょう。

$$\frac{5}{9} < \frac{\square}{7} < \frac{16}{21}$$

28 分数を比べる

解答は199ページ ▶

12 3つのピザの大きさを分数で表して□に書き、いちばん量の少ないピザを
〇で囲みましょう。

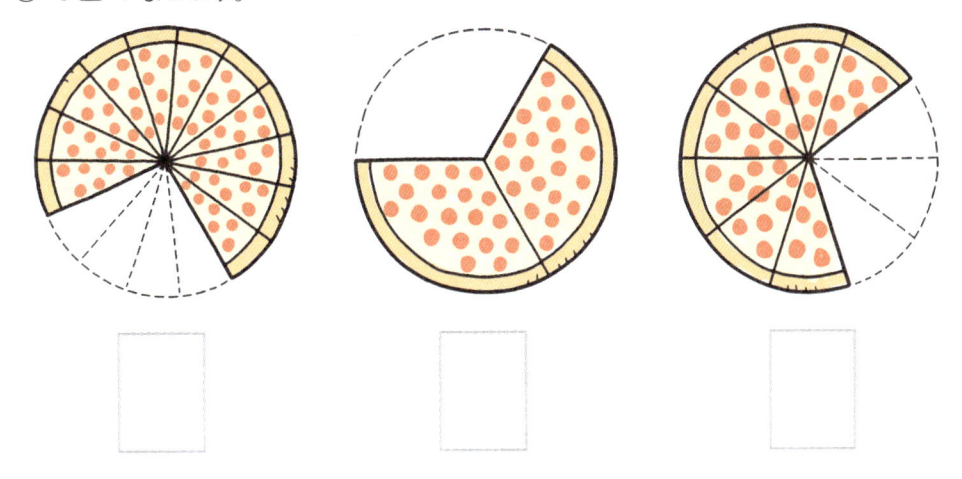

13 絵のなかにかくれている5つの分数を見つけて〇で囲み、いちばん小さい
分数から順番に書きましょう。

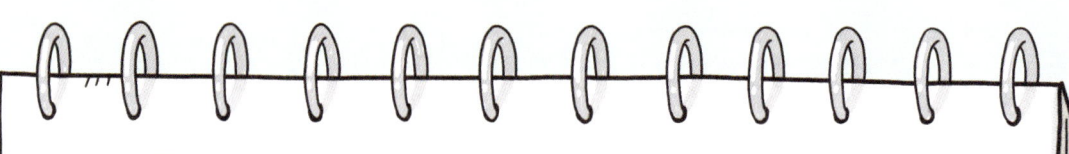 **29 分数の足し算と引き算**

① 分母が同じなら、分子同士を計算する。

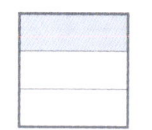 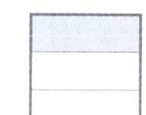 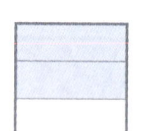

$$\frac{1}{3} + \frac{1}{3} = \frac{1+1}{3} = \frac{2}{3}$$

② 分母が異なるなら、分母を同じにして（通分）から計算する。

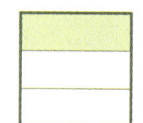 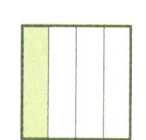 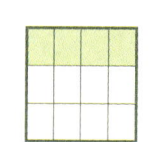 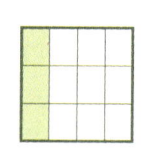 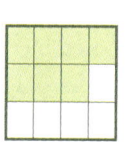

$$\frac{1}{3} + \frac{1}{4} = \frac{4}{12} + \frac{3}{12} = \frac{4+3}{12} = \frac{7}{12}$$

ピースの大きさが同じだから
計算できるようになったぞ

③ 計算の結果を約分できるなら、約分して既約分数で表す。

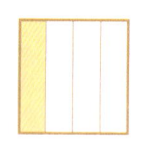   

$$\frac{1}{4} + \frac{1}{4} = \frac{2}{4} = \frac{1}{2}$$

もし計算の結果が仮分数なら
帯分数にかえて書けばいいよ

分母が同じ分数の計算をしましょう。

$$\frac{3}{5} + \frac{1}{5} = \frac{3+1}{5} = \frac{4}{5}$$

1

$$\frac{1}{7} + \frac{4}{7} = \boxed{} = \boxed{}$$

2

$$\frac{7}{9} - \frac{2}{9} = \boxed{} = \boxed{}$$

3

$$\frac{4}{15} + \frac{7}{15} = \boxed{} = \boxed{}$$

4

$$\frac{5}{11} - \frac{3}{11} = \boxed{} = \boxed{}$$

5

$$\frac{6}{27} + \frac{14}{27} = \boxed{} = \boxed{}$$

6

$$\frac{20}{39} - \frac{3}{39} = \boxed{} = \boxed{}$$

 次の計算の結果を既約分数で表しましょう。

7

$$\frac{3}{8} + \frac{1}{8} = \boxed{} = \boxed{}$$

8

$$\frac{9}{16} + \frac{3}{16} = \boxed{} = \boxed{}$$

9

$$\frac{3}{10} + \frac{9}{10} = \boxed{} = \boxed{}$$

10

$$\frac{7}{18} + \frac{13}{18} = \boxed{} = \boxed{}$$

月　　　日

解答は199ページ ▶▶

✏️ 分母が異なる分数の計算をしましょう。

$$\frac{1}{4} + \frac{2}{3} = \frac{3}{12} + \frac{8}{12} = \frac{11}{12}$$

11

$$\frac{1}{3} + \frac{2}{5} = \boxed{} + \boxed{} = \boxed{}$$

12

$$\frac{3}{4} - \frac{1}{6} = \boxed{} - \boxed{} = \boxed{}$$

13

$$\frac{5}{6} + \frac{1}{12} = \boxed{} + \boxed{} = \boxed{}$$

14

$$\frac{9}{10} - \frac{3}{4} = \boxed{} - \boxed{} = \boxed{}$$

15

$$\frac{4}{15} + \frac{3}{10} = \boxed{} + \boxed{} = \boxed{}$$

16

$$\frac{12}{13} - \frac{2}{3} = \boxed{} - \boxed{} = \boxed{}$$

17 □に入るふさわしい数を書きましょう。

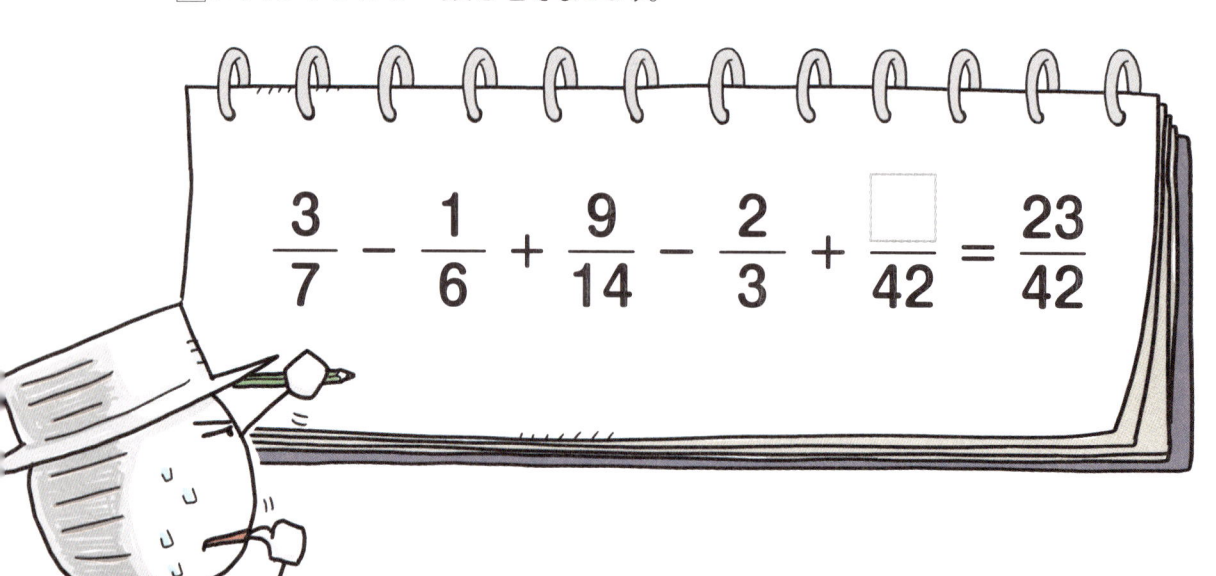

$$\frac{3}{7} - \frac{1}{6} + \frac{9}{14} - \frac{2}{3} + \frac{\boxed{}}{42} = \frac{23}{42}$$

29 分数の足し算と引き算

解答は199ページ ▶▶

✏️ 帯分数を次のような方法で計算しましょう。

① 自然数は自然数同士、分数は分数同士でまとめて　　③ 帯分数で表す。

$$2\frac{1}{3} + 1\frac{1}{4} = 2 + 1 + \frac{1}{3} + \frac{1}{4} = 3 + \frac{7}{12} = 3\frac{7}{12}$$

② それぞれ計算してから

18　$3\frac{2}{5} + 3\frac{3}{8} = \boxed{} + \boxed{} + \boxed{} + \boxed{} = \boxed{} + \boxed{} = \boxed{}$

19　$5\frac{2}{9} + 2\frac{7}{18} = \boxed{} + \boxed{} + \boxed{} + \boxed{} = \boxed{} + \boxed{} = \boxed{}$

✏️ 帯分数を次のような方法で計算しましょう。

① 仮分数をかえて　　② 計算してから

$$2\frac{1}{3} + 1\frac{1}{4} = \frac{7}{3} + \frac{5}{4} = \frac{43}{12} = 3\frac{7}{12}$$

③ 帯分数で表す。

20　$1\frac{3}{5} + 1\frac{2}{3} = \boxed{} + \boxed{} = \boxed{} = \boxed{}$

21　$2\frac{5}{6} + 1\frac{5}{8} = \boxed{} + \boxed{} = \boxed{} = \boxed{}$

22　$5\frac{1}{2} + 2\frac{2}{5} = \boxed{} + \boxed{} = \boxed{} = \boxed{}$

23 それぞれのボトルに入った水の量を分数で表してから、3つのボトルの水の総量を帯分数で書きましょう。

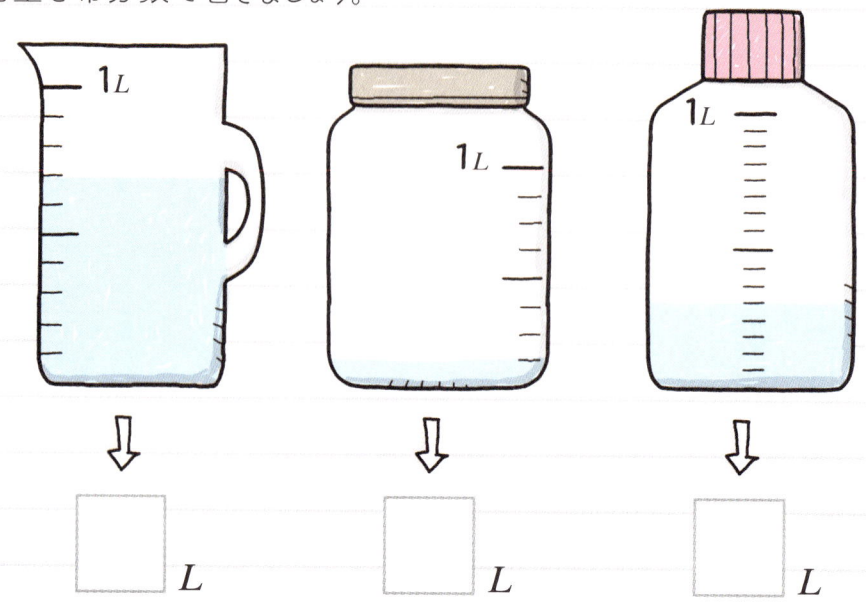

☐ L　　　☐ L　　　☐ L

答え　水の総量 ＿＿＿＿ L

24 次はミサキが住んでいる町の駅と郵便局、警察署の距離を数直線上に表したものです。ミサキの話をよく聞いて、ミサキの家と警察署の間の距離を求めましょう。

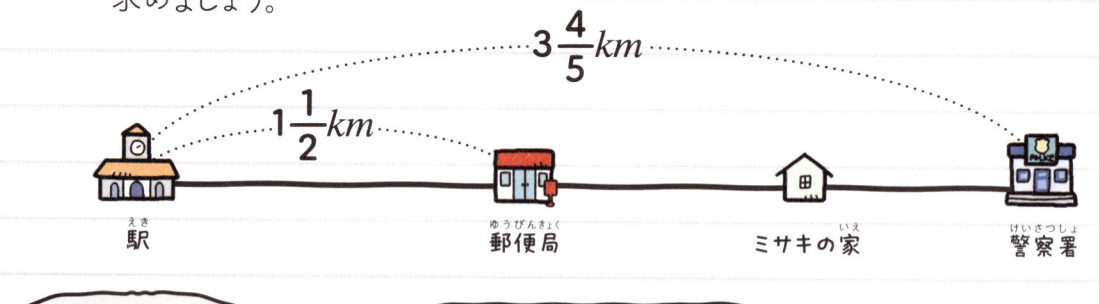

$3\frac{4}{5}km$

$1\frac{1}{2}km$

駅　　　郵便局　　　ミサキの家　　　警察署

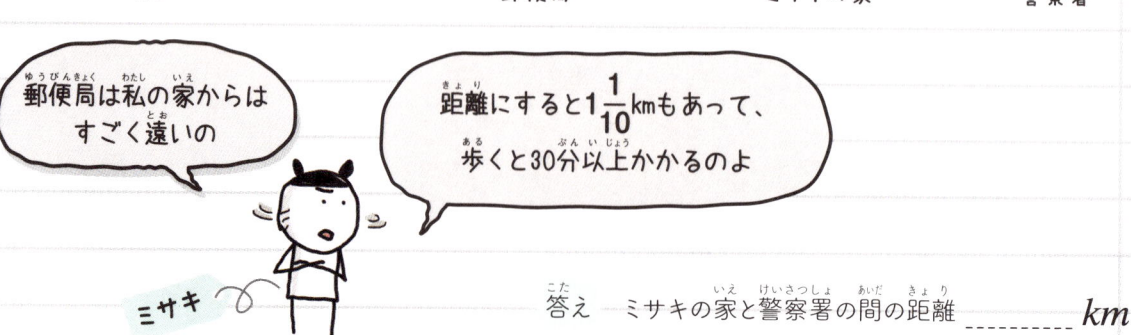

郵便局は私の家からはすごく遠いの

距離にすると$1\frac{1}{10}$kmもあって、歩くと30分以上かかるのよ

ミサキ

答え　ミサキの家と警察署の間の距離 ＿＿＿＿ km

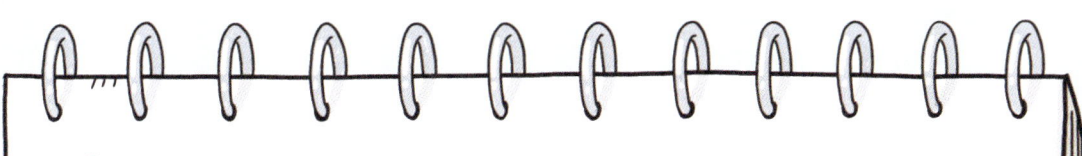

分数のかけ算

① 分母は分母同士をかける。

$$\frac{1}{3} \times \frac{1}{3} = \frac{1}{9}$$

 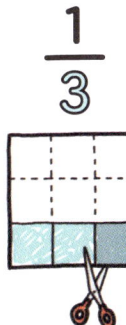 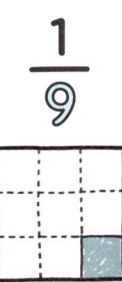

紙を3等分して
1ピースを選び

その1ピースをまた3等分して
さらにそのうちの1ピースを
選んだものは

紙を9等分して
1ピース選んだものと同じ。

② 分子は分子同士をかける。

$$\frac{2}{3} \times \frac{2}{3} = \frac{4}{9}$$

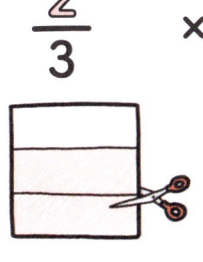 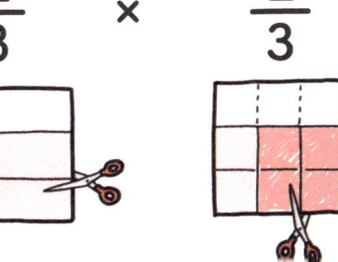 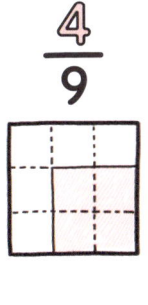

紙を3等分して
2ピースを選び

2ピースそれぞれを3等分して
さらに2ピース選んだものは

紙を9等分して
4ピース選んだものと同じ。

かけようとする2つの
分数の分母と分子が
公約数をもっているなら
そのまま約分してみて

$$\frac{1}{6} \times \frac{4}{5} = \frac{1 \times 2}{3 \times 5} = \frac{2}{15}$$

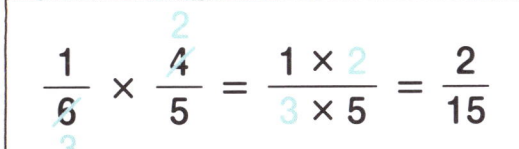

6と4の公約数である
2で約分！

計算がずっと
かんたんになるからね！

解答は200ページ ▶▶

次の絵を分数で表しましょう。

〈例〉

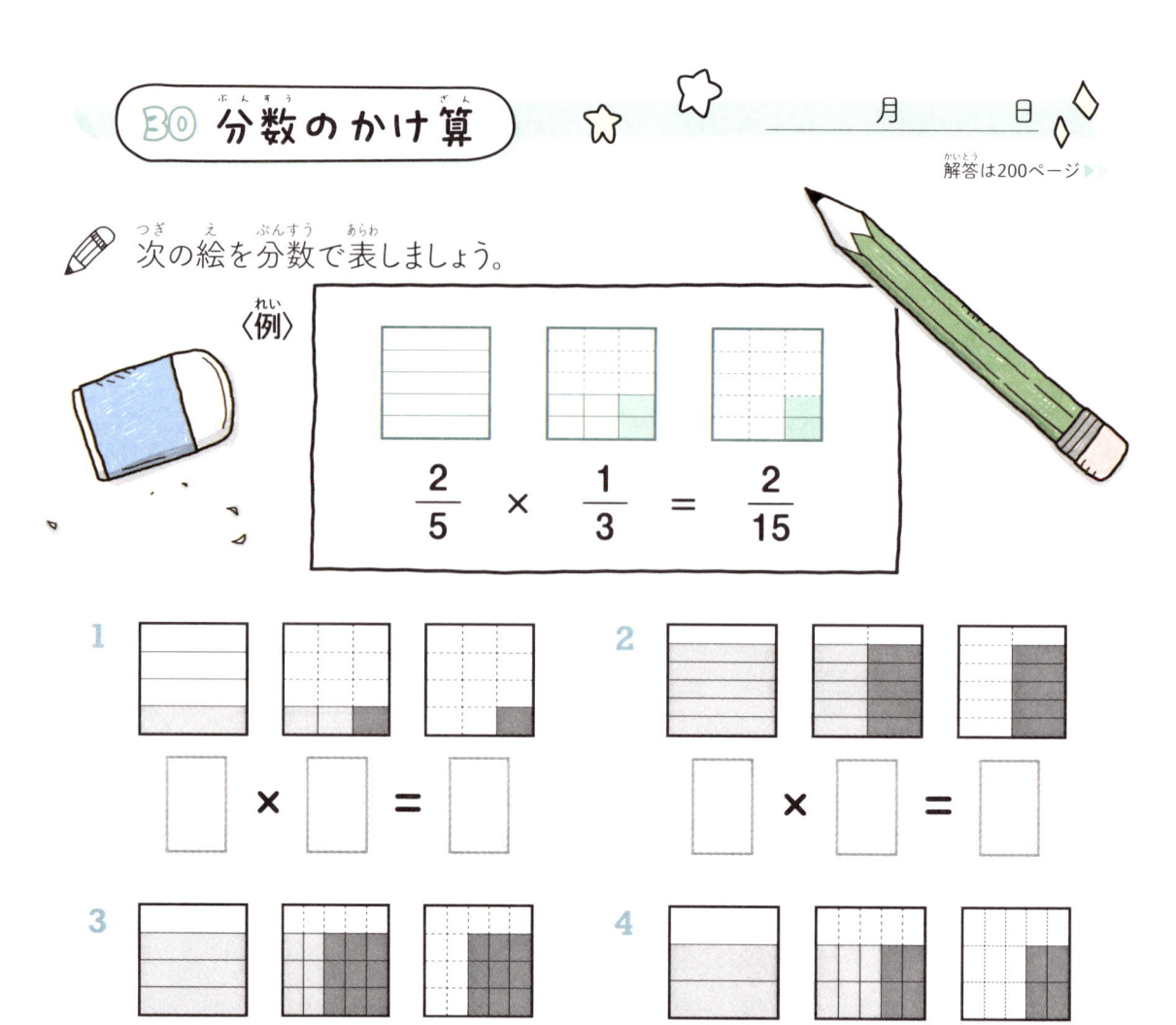

$$\frac{2}{5} \times \frac{1}{3} = \frac{2}{15}$$

1 □ × □ = □

2 □ × □ = □

3 □ × □ = □

4 □ × □ = □

5 パン屋さんの話をよく聞いて、パンづくりに使われたバターのぶんだけ色を塗りましょう。

私はこのパンをつくるときにバターをかなり使ったんです

このプレミアムバターの $\frac{4}{7}$ を切り取ってから、それをまた3等分したもののうちのひとつを使いました

✏ 分数のかけ算をしましょう。

〈例〉

$$\frac{1}{2} \times \frac{3}{5} = \frac{1 \times 3}{2 \times 5} = \frac{3}{10}$$

6

$$\frac{4}{5} \times \frac{1}{3} = \boxed{} = \boxed{}$$

7

$$\frac{1}{4} \times \frac{1}{3} = \boxed{} = \boxed{}$$

8

$$\frac{3}{7} \times \frac{3}{4} = \boxed{} = \boxed{}$$

9

$$\frac{5}{8} \times \frac{7}{9} = \boxed{} = \boxed{}$$

10

$$\frac{9}{10} \times \frac{1}{2} = \boxed{} = \boxed{}$$

11

$$\frac{11}{15} \times \frac{2}{5} = \boxed{} = \boxed{}$$

12 次のうちの正しい等式を◯で囲みましょう。

$$\frac{2}{5} \times \frac{2}{5} = \frac{4}{5}$$

$$\frac{1}{6} \times \frac{7}{15} = \frac{7}{80}$$

$$\frac{5}{9} \times \frac{5}{6} = \frac{5}{54}$$

$$\frac{3}{10} \times \frac{7}{8} = \frac{21}{8}$$

$$\frac{4}{11} \times \frac{1}{11} = \frac{4}{121}$$

解答は200ページ ▶▶

 分数の約分とかけ算をしましょう。

$$\frac{2}{5} \times \frac{1}{4} = \frac{1 \times 1}{5 \times 2} = \frac{1}{10}$$

13

$$\frac{6}{7} \times \frac{2}{3} = \boxed{} = \boxed{}$$

14

$$\frac{2}{9} \times \frac{1}{8} = \boxed{} = \boxed{}$$

15

$$\frac{2}{5} \times \frac{5}{3} = \boxed{} = \boxed{}$$

16

$$\frac{5}{12} \times \frac{8}{9} = \boxed{} = \boxed{}$$

17

$$\frac{20}{33} \times \frac{1}{4} = \boxed{} = \boxed{}$$

18

$$\frac{3}{64} \times \frac{16}{25} = \boxed{} = \boxed{}$$

19 💎と◈が表す数の和を求めましょう。

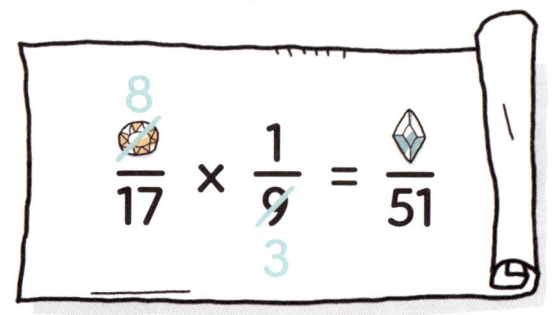

$$\frac{💎}{17} \times \frac{1}{9} = \frac{◈}{51}$$

答え _____

140

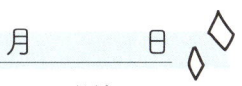
20 庭師の話をよく聞いて、花畑の面積を求めましょう。

$3\frac{5}{12}m$

$2\frac{2}{5}m$

$1\frac{1}{8}m$

帯分数のかけ算は難しくないよ

足し算や引き算をするときと同じように
仮分数にかえて計算して、
計算が終わったら、帯分数で表せばいいんだ

答え ＿＿＿＿＿ m^2

21 子どもたちの話をよく聞いて、ヒロシの体重を帯分数で書きましょう。

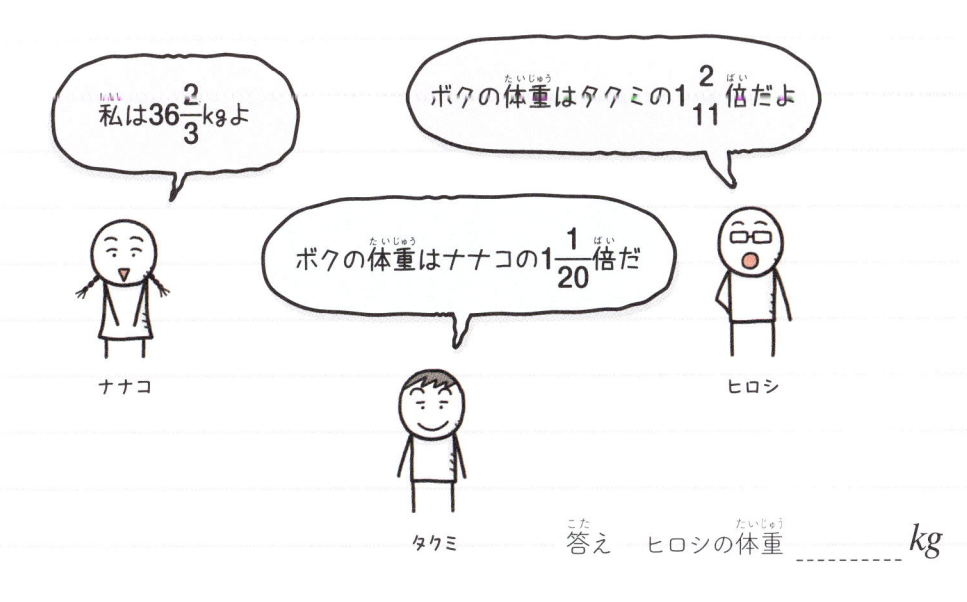

私は$36\frac{2}{3}$kgよ

ボクの体重はタクミの$1\frac{2}{11}$倍だよ

ボクの体重はナナコの$1\frac{1}{20}$倍だ

ナナコ

タクミ

ヒロシ

答え　ヒロシの体重 ＿＿＿＿＿ kg

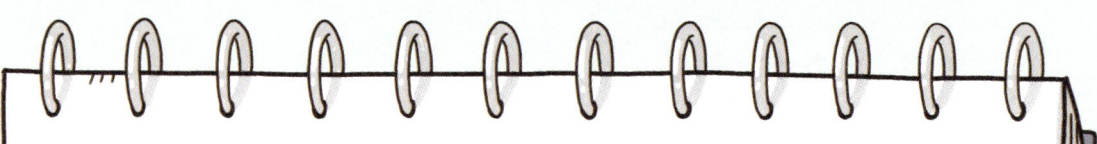

31 分数の割り算

❶

分母が同じなら、分子同士で割り算をする。

$$\frac{4}{7} \div \frac{2}{7} = 4 \div 2 = 2$$

❷

分母が異なるなら、割る数の分母と分子をひっくり返してかけ算する。

$$\frac{4}{7} \div \frac{3}{4} = \frac{4}{7} \times \frac{4}{3} = \frac{16}{21}$$

もちろん、通分して分母を同じにしてから
分子同士で割り算をしてもいいよ

★★ 分母が1の分数は自然数と同じ。

$$4 \div \frac{1}{2} = 4 \times \frac{2}{1} = 4 \times 2 = 8$$

分母が同じ分数の割り算をしましょう。

〈例〉

$$\frac{6}{11} \div \frac{2}{11} = 6 \div 2 = 3$$

1

$$\frac{10}{13} \div \frac{5}{13} = \boxed{} = \boxed{}$$

2

$$\frac{3}{4} \div \frac{1}{4} = \boxed{} = \boxed{}$$

3

$$\frac{9}{10} \div \frac{3}{10} = \boxed{} = \boxed{}$$

4

$$\frac{14}{15} \div \frac{7}{15} = \boxed{} = \boxed{}$$

5

$$\frac{22}{35} \div \frac{11}{35} = \boxed{} = \boxed{}$$

6

$$\frac{18}{19} \div \frac{2}{19} = \boxed{} = \boxed{}$$

7　おもち屋さんの話を聞いて、おもちを何切れにわければよいか答えましょう。

このおもちは$3\frac{3}{5}$kgなんです

1切れ当たり$\frac{2}{5}$kgになるように　切りわけたいんだけど…　何切れにわければいいんだろう？

答え ＿＿＿＿＿ 切れ

143

分母が異なる分数の割り算をしましょう。

〈例〉

$$\frac{5}{6} \div \frac{2}{9} = \frac{5}{6} \times \frac{9}{2} = 3\frac{3}{4}$$

8

$$\frac{3}{5} \div \frac{3}{4} = \boxed{} \times \boxed{} = \boxed{}$$

9

$$\frac{2}{3} \div \frac{4}{5} = \boxed{} \times \boxed{} = \boxed{}$$

10

$$\frac{5}{7} \div \frac{5}{21} = \boxed{} \times \boxed{} = \boxed{}$$

11

$$\frac{8}{9} \div \frac{2}{15} = \boxed{} \times \boxed{} = \boxed{}$$

12

$$\frac{10}{11} \div \frac{2}{3} = \boxed{} \times \boxed{} = \boxed{}$$

13

$$\frac{3}{20} \div \frac{9}{10} = \boxed{} \times \boxed{} = \boxed{}$$

14 □に入るふさわしい数を書きましょう。

$$\frac{15}{16} \div \frac{5}{\boxed{}} = 1\frac{1}{2}$$

$$\frac{18}{25} \times \frac{5}{12} + 1\frac{7}{10} = \frac{\boxed{}}{17} \div \frac{4}{34}$$

✏️ 2つの木の実に書かれた分数の和を、葉っぱに書かれた分数で割りましょう。

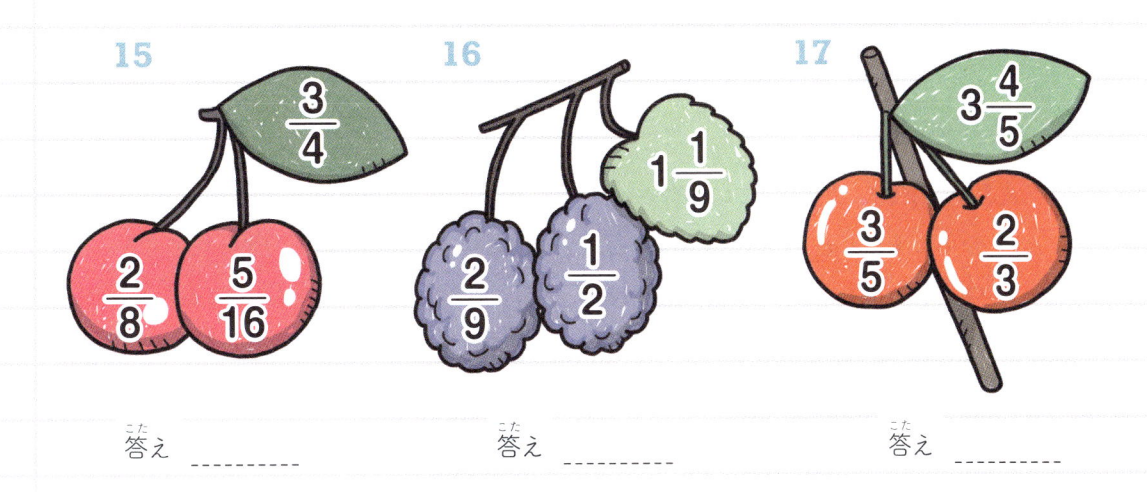

15

$\dfrac{3}{4}$

$\dfrac{2}{8}$　$\dfrac{5}{16}$

16

$1\dfrac{1}{9}$

$\dfrac{2}{9}$　$\dfrac{1}{2}$

17

$3\dfrac{4}{5}$

$\dfrac{3}{5}$　$\dfrac{2}{3}$

答え ＿＿＿＿＿　　答え ＿＿＿＿＿　　答え ＿＿＿＿＿

18 分数の割り算をくり返して□を埋めて、自然数が書かれた箱の数を求めましょう。

$\div \dfrac{2}{3}$　　$\div \dfrac{2}{3}$　　$\div \dfrac{2}{3}$　　$\div \dfrac{2}{3}$

$\dfrac{16}{81}$　　□　　□　　□　　□

□　　□　　□　　□　　$\dfrac{64}{125}$

$\div \dfrac{4}{5}$　　$\div \dfrac{4}{5}$　　$\div \dfrac{4}{5}$　　$\div \dfrac{4}{5}$

答え ＿＿＿＿＿ 個

CHAPTER 5

小数の誕生

1よりも小さな値をもっている数が「小数」です。計算するときは小数点の位置を合わせるなど基本的なルールをしっかり覚えましょう。かけたり割ったりするときのルールにもちゃんとした理由があるので、理解しておくとよいでしょう。小数にはなんと個性があります。どのような個性があるかを知るのもおもしろいですよ!

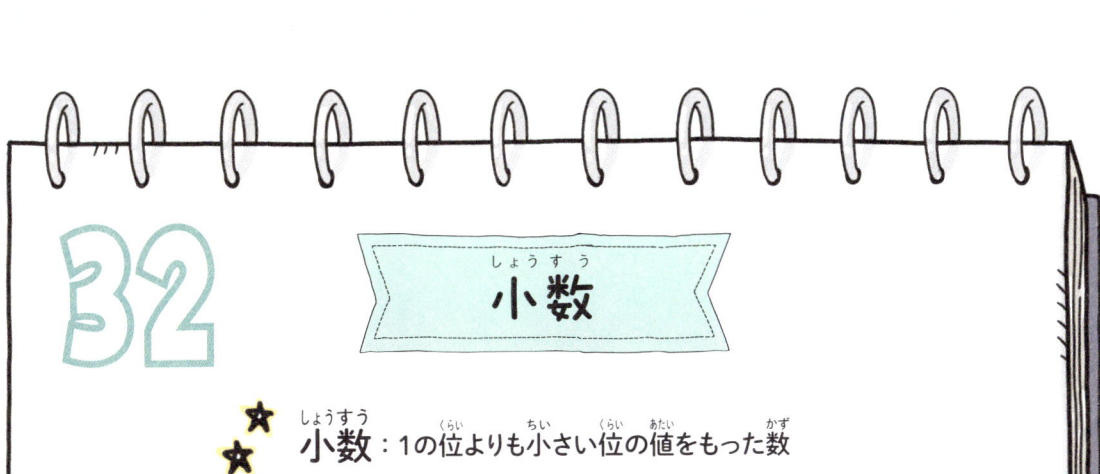

32 小数（しょうすう）

☆ **小数（しょうすう）**：1の位（くらい）よりも小（ちい）さい位（くらい）の値（あたい）をもった数（かず）

0.1

小数点（しょうすうてん）

小数点（しょうすうてん）は1の位（くらい）と1の位（くらい）よりも
低（ひく）い位（くらい）を区分（くぶん）してくれるんだよ

分母（ぶんぼ）が10の累乗（るいじょう）である分数（ぶんすう）は小数（しょうすう）にかえて書（か）くことができる。

分母（ぶんぼ）が10の分数（ぶんすう）　　　小数点以下（しょうすうてんいか）1ケタの数（かず）
分母（ぶんぼ）が100の分数（ぶんすう）　　小数点以下（しょうすうてんいか）2ケタの数（かず）
分母（ぶんぼ）が1000の分数（ぶんすう）　小数点以下（しょうすうてんいか）3ケタの数（かず）

累乗（るいじょう）：
ある数（かず）を何度（なんど）もかけた数（かず）
10の累乗（るいじょう）は
10、100、1000、
10000…である。

たとえば $\frac{12}{10}$ は
小数点以下（しょうすうてんいか）1ケタの数（かず）に
書（か）きかえることができるよ

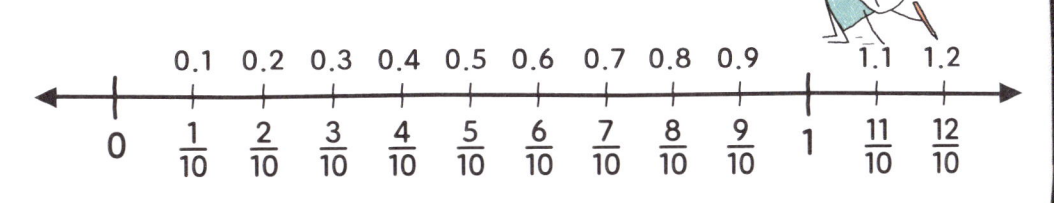

| 0.1 | 0.2 | 0.3 | 0.4 | 0.5 | 0.6 | 0.7 | 0.8 | 0.9 | | 1.1 | 1.2 |

つまり、小数点以下（しょうすうてんいか）1ケタの数（かず）である0.1は
分母（ぶんぼ）が10の $\frac{1}{10}$ と同（おな）じってこと！

あたえられた小数（しょうすう）を分母（ぶんぼ）が10の分数（ぶんすう）にかえて、数直線上（すうちょくせんじょう）に表（あらわ）しましょう。

〈例（れい）〉　$0.5 = \dfrac{5}{10}$

1　$0.9 = \boxed{}$

2　$1.2 = \boxed{}$

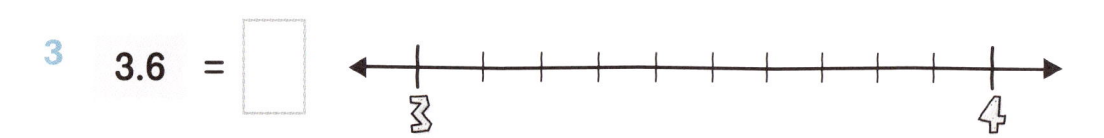

3　$3.6 = \boxed{}$

方眼紙（ほうがんし）の全体（ぜんたい）の面積（めんせき）は1です。それぞれの方眼紙（ほうがんし）に色（いろ）を塗（ぬ）った部分（ぶぶん）の面積（めんせき）を分数（ぶんすう）と小数（しょうすう）で表（あらわ）しましょう。

〈例（れい）〉
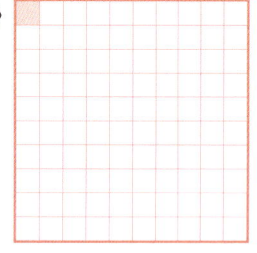

分数（ぶんすう）$= \dfrac{1}{100}$

小数（しょうすう）$= 0.01$

4
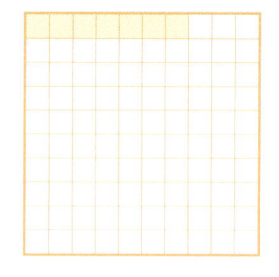

分数（ぶんすう）$= \boxed{}$

小数（しょうすう）$= \boxed{}$

5
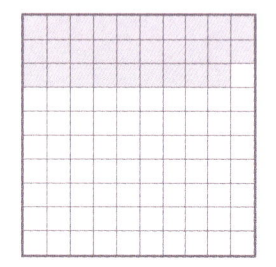

分数（ぶんすう）$= \boxed{}$

小数（しょうすう）$= \boxed{}$

6
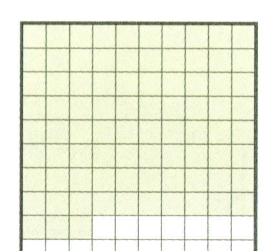

分数（ぶんすう）$= \boxed{}$

小数（しょうすう）$= \boxed{}$

次（つぎ）のような方法（ほうほう）で分数（ぶんすう）を小数（しょうすう）にかえて表（あらわ）しましょう。

$$\frac{2}{5} = \frac{4}{10} = 0.4$$

分母（ぶんぼ）を10の累乗（るいじょう）である分数（ぶんすう）にかえてから、 小数（しょうすう）にかえて表（あらわ）す。

7 $\quad \dfrac{1}{2} = \boxed{} = \boxed{}$

8 $\quad \dfrac{4}{5} = \boxed{} = \boxed{}$

9 $\quad \dfrac{3}{4} = \boxed{} = \boxed{}$

10 $\quad \dfrac{7}{20} = \boxed{} = \boxed{}$

11 $\quad \dfrac{19}{25} = \boxed{} = \boxed{}$

12 $\quad \dfrac{3}{40} = \boxed{} = \boxed{}$

13 $\quad \dfrac{1}{8} = \boxed{} = \boxed{}$

14 $\quad \dfrac{4}{125} = \boxed{} = \boxed{}$

15 $\quad \dfrac{49}{50} = \boxed{} = \boxed{}$

16 $\quad \dfrac{33}{250} = \boxed{} = \boxed{}$

17 次のうち既約分数にかえて書いたとき、分母が異なる小数をひとつ選んで○で囲みましょう。

0.66　　0.94　　0.54　　0.65　　0.18　　0.62

18 お客さんの話をよく聞いて、それぞれが食べた量だけ色を塗りましょう。

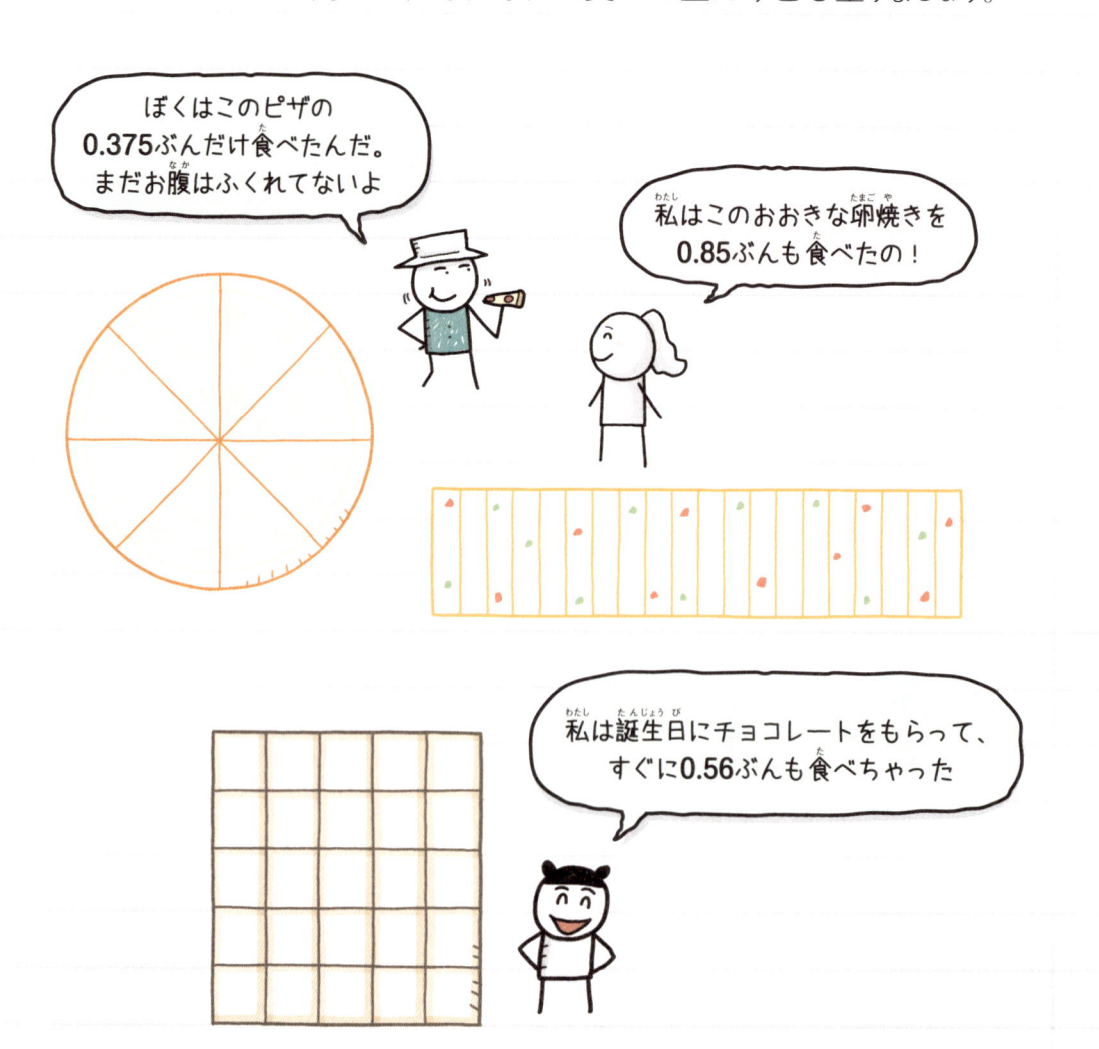

ぼくはこのピザの0.375ぶんだけ食べたんだ。まだお腹はふくれてないよ

私はこのおおきな卵焼きを0.85ぶんも食べたの！

私は誕生日にチョコレートをもらって、すぐに0.56ぶんも食べちゃった

33

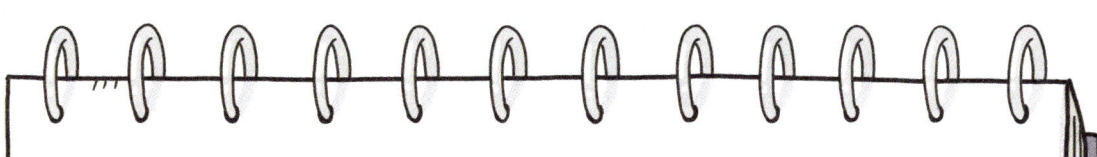

小数を比べる

自然数と同じように、小数も位が
左側に移動するたびに 10 倍ずつ大きくなり、
右側に移動するたびに $\frac{1}{10}$ 倍ずつ小さくなる。

3　　　0.3　　　0.03　　　0.003

$\times \frac{1}{10}$　　　$\times \frac{1}{10}$　　　$\times \frac{1}{10}$

同じ3だけど、
値は $\frac{1}{10}$ ずつ小さくなるね

★ **小数の大きさの比較**：高い位の数字から順番に比較する。

0.25 ＜ 0.26

5 ＜ 6

1の位は0で同じ、
その次の位は2で同じだから
その次の位を比べるんだ！

小数点の最後の位の0は
省略できるぞ

そうだね。
どうせ約分すれば
0はなくなるしね

$$0.20 = \frac{20}{100} = \frac{2}{10} = 0.2$$

＿＿＿月＿＿＿日

解答は202ページ ▶▶

✏️ 次の〈例〉を見て、下線の数字が意味する値を書きましょう。

〈例〉　8.45　→ $5 \times \dfrac{1}{10} \times \dfrac{1}{10}$

5が2回移動したから $\dfrac{1}{10}$を2回かけてあげてね

　　　　　　= 0.05

1	1.3 → ☐ = ☐	2	50.2 → ☐ = ☐
3	4.47 → ☐ = ☐	4	24.25 → ☐ = ☐
5	6.137 → ☐ = ☐	6	0.09 → ☐ = ☐
7	545.5 → ☐ = ☐	8	42.195 → ☐ = ☐
9	0.0013 → ☐ = ☐	10	2.3748 → ☐ = ☐

✏️ あたえられた小数の大きさを比べて、「>」か「<」の不等号を入れましょう。

$$0.2 < 0.24$$

0.2は0.20と同じだから、0.24よりも小さい。

11 　0.8 ☐ 0.78

12 　1.35 ☐ 1.25

13 　11.9 ☐ 19.1

14 　52.86 ☐ 52.8

15 　3.12 ☐ 3.14

16 　104.2 ☐ 10.42

17 　47.979 ☐ 47.982

18 　63.721 ☐ 63.712

19 あたえられた小数たちを、いちばん小さいものから順番に並べましょう。

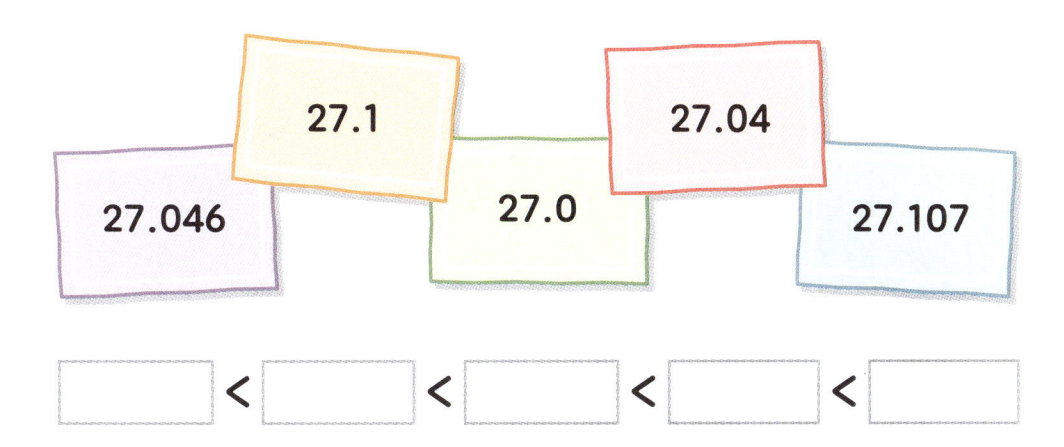

27.046　27.1　27.0　27.04　27.107

☐ < ☐ < ☐ < ☐ < ☐

解答は202ページ ▶▶

20 下線を引いた数字が同じ値を意味する小数同士を線でつなぎましょう。

90.00<u>4</u> ・　　　　　　　　・ 0.72<u>4</u>

2.1<u>4</u> ・　　　　　　　　・ 3.138<u>4</u>

453.<u>4</u> ・　　　　　　　　・ 9.6<u>4</u>5

0.23<u>2</u>4 ・　　　　　　　　・ 5.<u>4</u>24

21 あたえられた4枚のカードを使って、それぞれ3人が望む小数をつくってみましょう。

私はカードを全部使って小数点以下2ケタの最大の数をつくりたいな!

ボクはカードの中の3枚を使っていちばん小さい小数点以下2ケタの数をつくりたい

わしは2枚のカードを使って小数点以下1ケタの最大の数をつくりたいぞ。

ただし、わしがいちばん好きな数字3を必ず入れてほしい

答え ＿＿＿＿＿＿　　　答え ＿＿＿＿＿＿　　　答え ＿＿＿＿＿＿

小数の足し算と引き算

① 分数にかえて計算する。

$$0.7 - 0.25 = \frac{7}{10} - \frac{25}{100} = \frac{45}{100} = 0.45$$

約分しないで、
分母をいつも
10の累乗にしておいてね!

そうすれば、計算もしやすいよ

同じ理由で、
帯分数のかわりに仮分数を
使うこともできるよ!

② 小数点の位置をそろえて縦に書いて、

自然数と同じやり方で計算してから

小数点をそのまま下ろして同じ位置につける。

$$
\begin{array}{r}
0.7 \\
- 0.25 \\
\hline
0.45
\end{array}
$$

小数点の位置をそろえる
のがポイントだよ

次のようなやり方で小数の足し算と引き算をしましょう。

〈例〉

$$0.2 + 0.9 = \frac{2}{10} + \frac{9}{10} = \frac{11}{10} = 1.1$$

1

$0.8 + 1.7 = \boxed{} + \boxed{} = \boxed{} = \boxed{}$

2

$0.3 + 0.05 = \boxed{} + \boxed{} = \boxed{} = \boxed{}$

3

$0.28 - 0.14 = \boxed{} - \boxed{} = \boxed{} = \boxed{}$

4

$1.3 - 0.9 = \boxed{} - \boxed{} = \boxed{} = \boxed{}$

5

$50.2 + 3.7 = \boxed{} + \boxed{} = \boxed{} = \boxed{}$

6

$6.06 - 0.8 = \boxed{} - \boxed{} = \boxed{} = \boxed{}$

7

$4.27 - 4.19 = \boxed{} - \boxed{} = \boxed{} = \boxed{}$

8

$7.7 + 0.35 = \boxed{} + \boxed{} = \boxed{} = \boxed{}$

9 ▭ に入る小数を書きましょう。

$$4.2 - 0.3 + 1.9 - \boxed{} = 3.2$$

前から順に計算してね

✏️ あたえられた計算の結果を求めましょう。

〈例〉　0.7 + 0.8

```
    0 7
  + 0.8
  -----
    1.5
```
答え　1.5

10　1.5 + 2.9

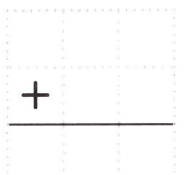

答え

11　3.3 − 2.7

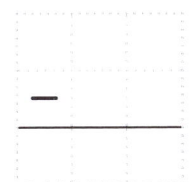

答え

12　4.8 + 5

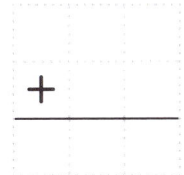

答え

13　5.87 + 3.24

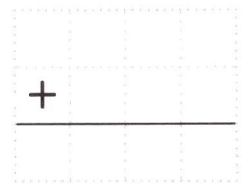

答え

14　21.4 − 1.9

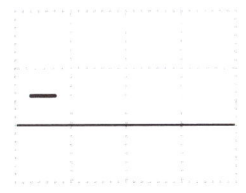

答え

15　7.2 + 14.9

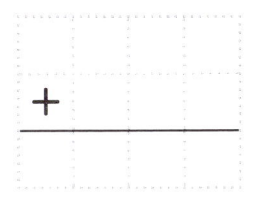

答え

16　8.2 − 1.39

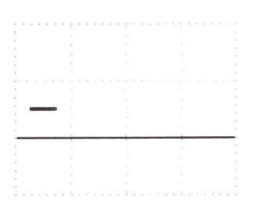

答え

月　　日

解答は203ページ ▶▶

17 えんぴつの長さをcmを単位にして小数で表してから、いちばん長いえんぴつといちばん短いえんぴつの長さの差を求めましょう。

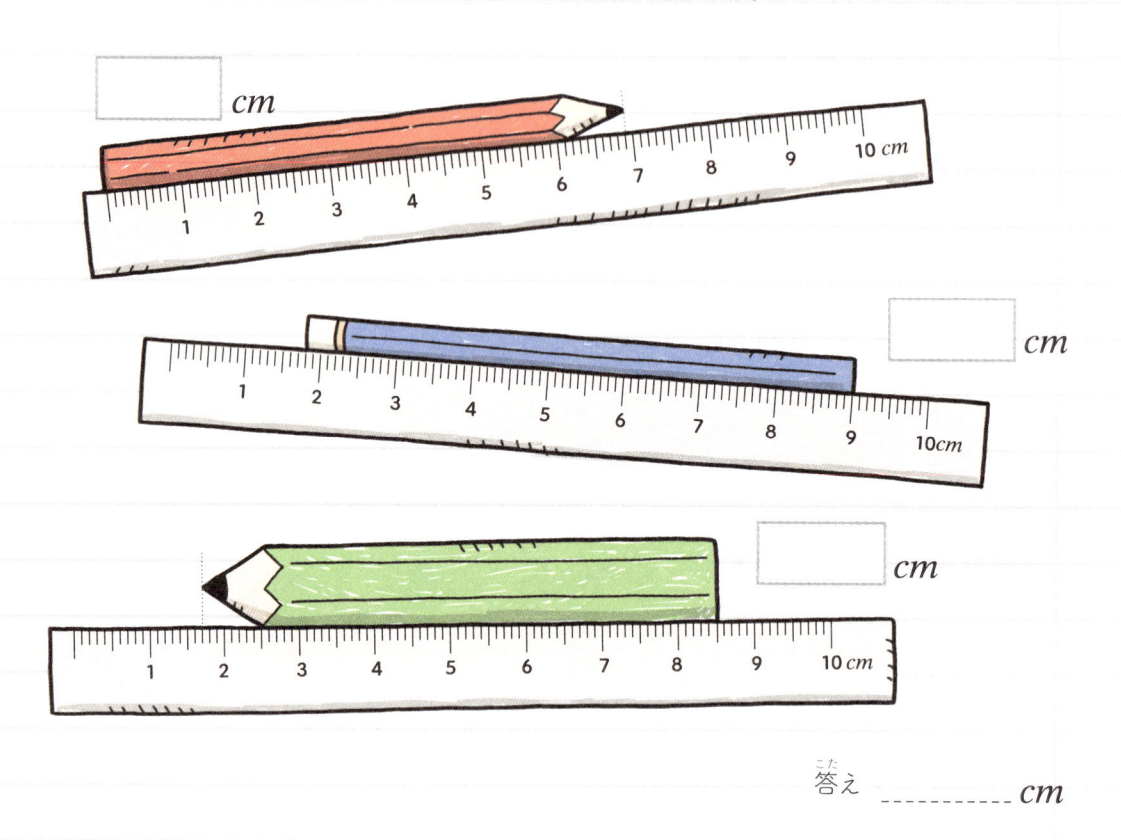

答え ＿＿＿＿＿ cm

18 庭師の説明を聞いて、花壇の周りの長さを求めましょう。

まず
このチューリップの花壇をつくって、
それと完全に同じ形の花壇を
もう2つつくってくっつけて、
花壇を完成させたんだ

チューリップの花壇の
2辺の長さは同じで、
周りの長さは全部で18.1mだ

5.4m

答え ＿＿＿＿＿ m

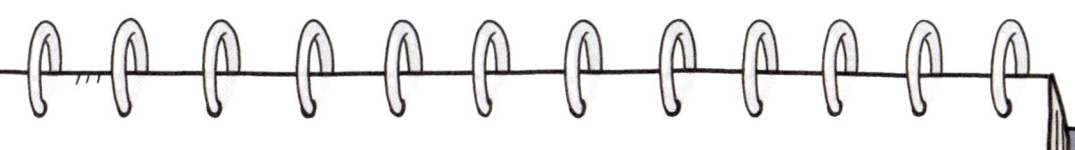

小数のかけ算

① 分数にかえて計算する。

$$1.2 \times 1.3 = \frac{12}{10} \times \frac{13}{10} = \frac{156}{100} = 1.56$$

小数点以下　＋　小数点以下　⟶　小数点以下
1ケタ　　　　1ケタ　　　　　　　　　2ケタ

かける小数たちの
小数点以下のケタ数を足すと
かけ算の結果の
小数点以下のケタ数になる

分母を見ると、
その理由がわかるよ！

② 自然数のかけ算を使って計算する。

```
    1 2              1.2        小数点以下
  × 1 3            × 1.3        1ケタ
  -------          -------        ＋
    3 6    ⟹        3 6        小数点以下
  1 2              1 2          1ケタ
  -------          -------
  1 5 6            1.5 6        小数点以下
                                2ケタ
```

自然数のように計算してから、　小数点をうつ。

159

次のような方法で小数のかけ算をしましょう。

$$0.2 \times 0.9 = \frac{2}{10} \times \frac{9}{10} = \frac{18}{100} = 0.18$$

1

$0.3 \times 1.5 = \boxed{} \times \boxed{} = \boxed{} = \boxed{}$

2

$0.1 \times 0.7 = \boxed{} \times \boxed{} = \boxed{} = \boxed{}$

3

$1.6 \times 2.1 = \boxed{} \times \boxed{} = \boxed{} = \boxed{}$

4

$4.2 \times 0.8 = \boxed{} \times \boxed{} = \boxed{} = \boxed{}$

5

$1.12 \times 0.2 = \boxed{} \times \boxed{} = \boxed{} = \boxed{}$

6

$1.04 \times 1.1 = \boxed{} \times \boxed{} = \boxed{} = \boxed{}$

7

$2.5 \times 3.14 = \boxed{} \times \boxed{} = \boxed{} = \boxed{}$

8

$7.6 \times 0.05 = \boxed{} \times \boxed{} = \boxed{} = \boxed{}$

9 次のうち正しくない小数が書かれた箱を見つけて〇で囲みましょう。

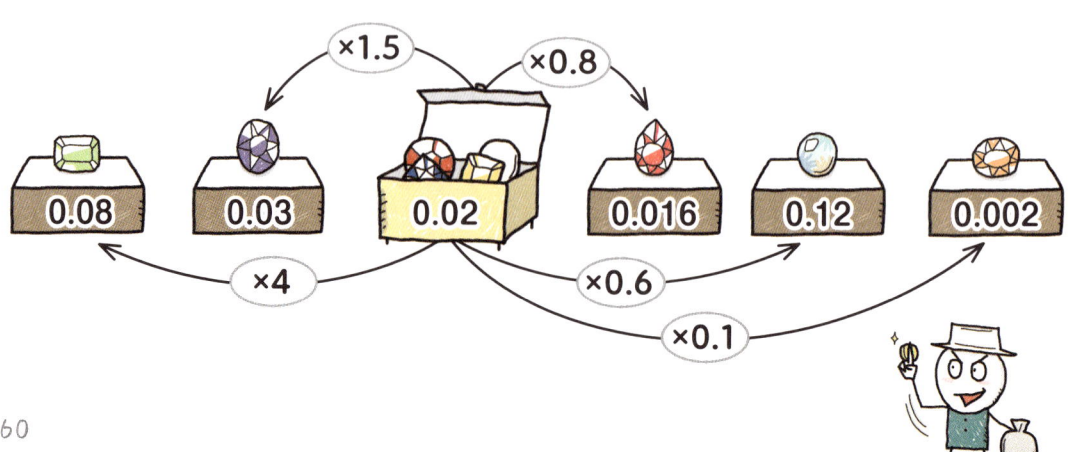

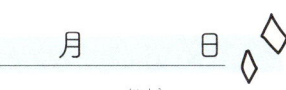
空欄にふさわしい言葉を書いて、小数のかけ算をしましょう。ただし、小数点より右の最後の0は消しましょう。

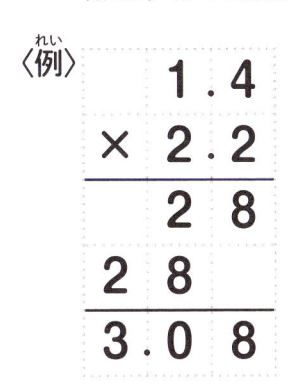

〈例〉

```
    1.4
  × 2.2
    2 8
  2 8
  3.0 8
```

小数点以下 1ケタ
＋
小数点以下 1ケタ
↓
小数点以下 2ケタ

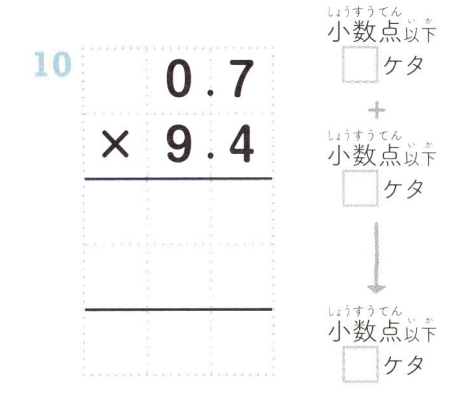

10

```
    0.7
  × 9.4
```

小数点以下 □ケタ
＋
小数点以下 □ケタ
↓
小数点以下 □ケタ

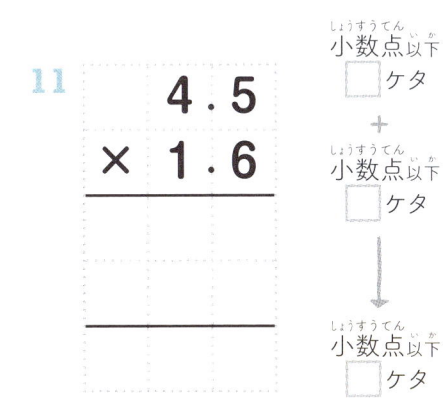

11

```
    4.5
  × 1.6
```

小数点以下 □ケタ
＋
小数点以下 □ケタ
↓
小数点以下 □ケタ

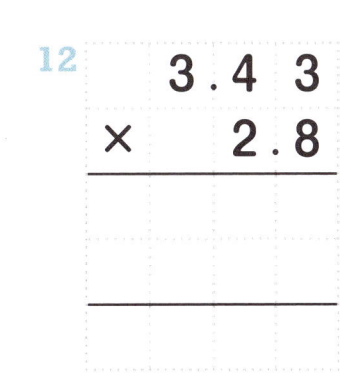

12

```
    3.4 3
  ×   2.8
```

小数点以下 □ケタ
＋
小数点以下 □ケタ
↓
小数点以下 □ケタ

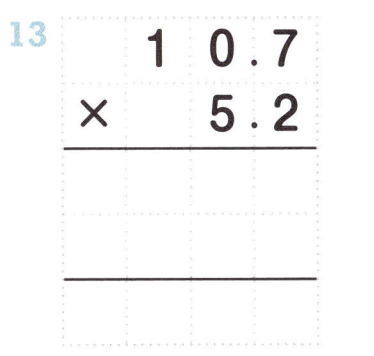

13

```
    1 0.7
  ×   5.2
```

小数点以下 □ケタ
＋
小数点以下 □ケタ
↓
小数点以下 □ケタ

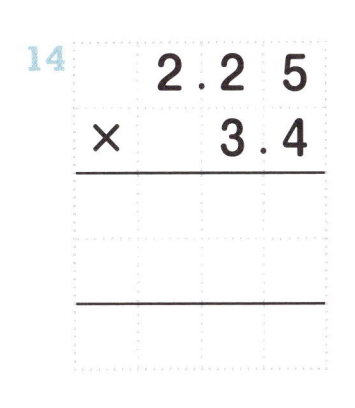

14

```
    2.2 5
  ×   3.4
```

小数点以下 □ケタ
＋
小数点以下 □ケタ
↓
小数点以下 □ケタ

15 💎 の宝石が意味する値を求めましょう。

$42 \times 0.01 = $ 💎

💎 $\times 3.5 = $ 🟢

🟢 $\times 6 = $ 🔶

$1.5 \times $ 🔶 $ = $ 💎

💎 $ = $ ☐

16 次はハルトの家を上から見た図面です。ハルトの家のリビングの面積を求めましょう。

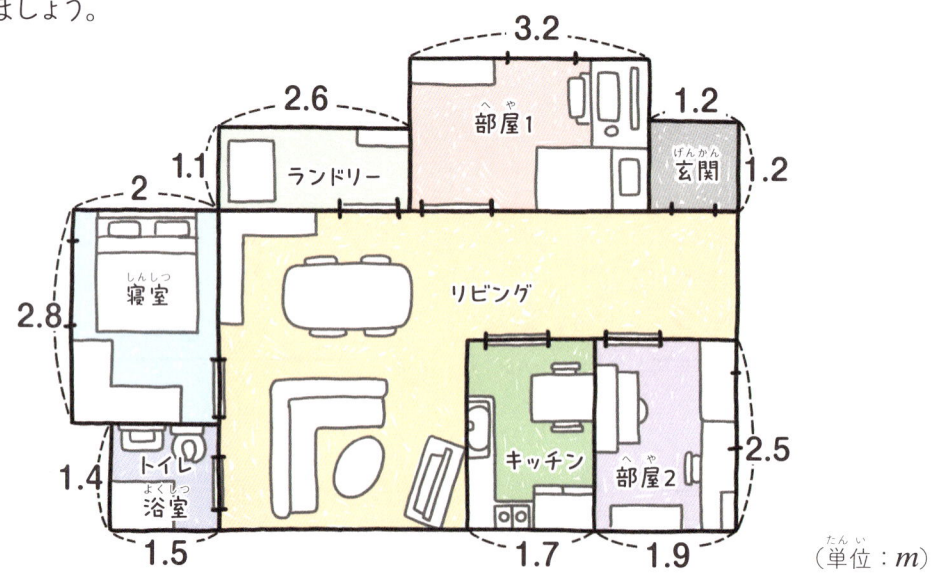

（単位：*m*）

答え ＿＿＿＿＿ *m²*

36 小数の割り算

① 分数にかえて計算する。

$$0.9 \div 0.3 = \frac{9}{10} \div \frac{3}{10} = 9 \div 3 = 3$$

割る数と割られる数の
小数点以下のケタ数が
同じときに使いやすい方法だよ

分母をそろえれば、
分子同士すぐに割れるからね

② 筆算で計算する。

$$0.2\overline{)0.12} \implies 2\overline{)1.2}$$

$$\begin{array}{r} 0.6 \\ 2\overline{)1.2} \\ 1\ 2 \\ \hline 0 \end{array}$$

割る数が自然数になるように
割る数と割られる数の小数点を
同じぶんだけ右に動かす。

割られる数の小数点と
同じ位置に商の小数点をうつ。

こうやって動かしても
商はそのままなんだ。
割る数と割られる数が
同じだけ大きくなるからだね！

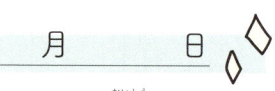

解答は204ページ ▶▶

✎ 次のような方法で小数の割り算をしましょう。

〈例〉

$$1.2 \div 0.6 = \frac{12}{10} \div \frac{6}{10} = 12 \div 6 = 2$$

1

$0.8 \div 0.2 = \boxed{} \div \boxed{} = \boxed{} \div \boxed{} = \boxed{}$

2

$1.5 \div 0.3 = \boxed{} \div \boxed{} = \boxed{} \div \boxed{} = \boxed{}$

3

$4.2 \div 2.1 = \boxed{} \div \boxed{} = \boxed{} \div \boxed{} = \boxed{}$

4

$5.4 \div 1.8 = \boxed{} \div \boxed{} = \boxed{} \div \boxed{} = \boxed{}$

5

$0.03 \div 0.01 = \boxed{} \div \boxed{} = \boxed{} \div \boxed{} = \boxed{}$

6

$0.75 \div 0.15 = \boxed{} \div \boxed{} = \boxed{} \div \boxed{} = \boxed{}$

7

$1.44 \div 0.12 = \boxed{} \div \boxed{} = \boxed{} \div \boxed{} = \boxed{}$

8

$6.55 \div 1.31 = \boxed{} \div \boxed{} = \boxed{} \div \boxed{} = \boxed{}$

9 2.7gのビー玉を右側のお皿にのせて、はかりを水平にしようと思います。必要なビー玉の数を求めましょう。

答え ＿＿＿＿＿ 個

次のような方法で小数の割り算をしましょう。

〈例〉

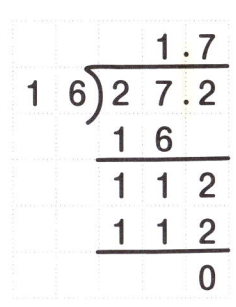

$$2.72 \div 1.6$$

→ 割る数が自然数になるように割られる数と
割る数の小数点を同じぶんだけ右に動かす。

→ 自然数のように計算してから、
割られる数の小数点の位置に商の小数点をうつ。

答え　1.7

10

$$3.78 \div 1.8$$

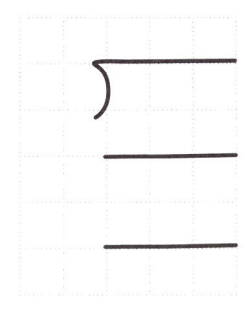

答え _____

11

$$9.43 \div 2.3$$

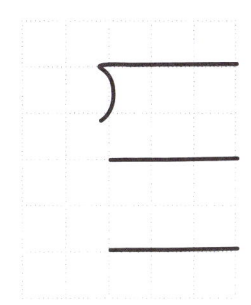

答え _____

12

$$0.513 \div 0.27$$

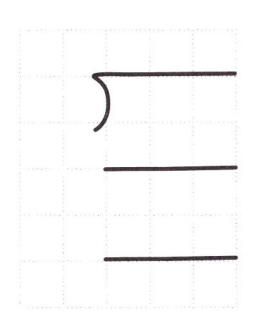

答え _____

13

$$0.864 \div 0.36$$

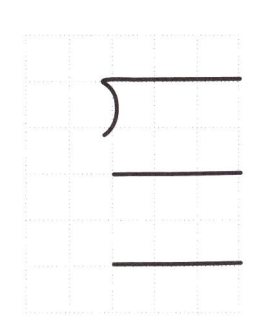

答え _____

月　　日

解答は204ページ ▶▶

次のような方法で小数の割り算をしましょう。

割られる数が自然数のときは
いちばん最後に小数点があると考えて
それにあわせて商の小数点を
うてばいいよ

 $2.0 \div 2.5$

2は自然数で小数点がないから、
小数点を1スペース動かすかわりに
0を1つつけてあげるんだ

答え　0.8

14

$3 \div 1.2$

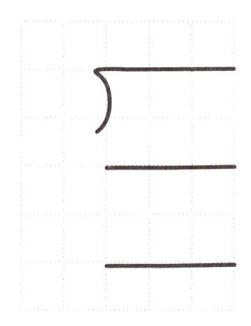

答え ＿＿＿＿＿

15

$9 \div 7.5$

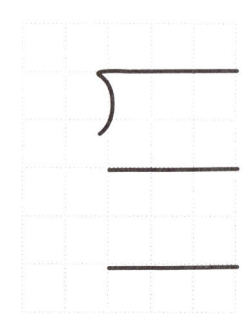

答え ＿＿＿＿＿

16

$6 \div 3.75$

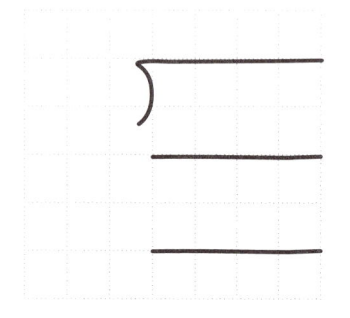

答え ＿＿＿＿＿

17

$3 \div 1.25$

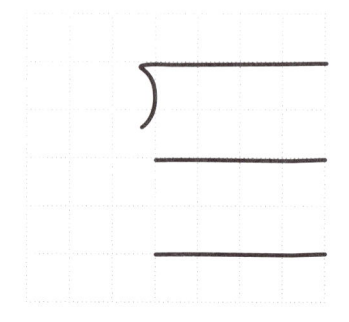

答え ＿＿＿＿＿

18 全部で43.2cmのリボンをすべて使って正十二角形をつくろうと思います。正十二角形の一辺はどれくらいの長さになるか、答えましょう。

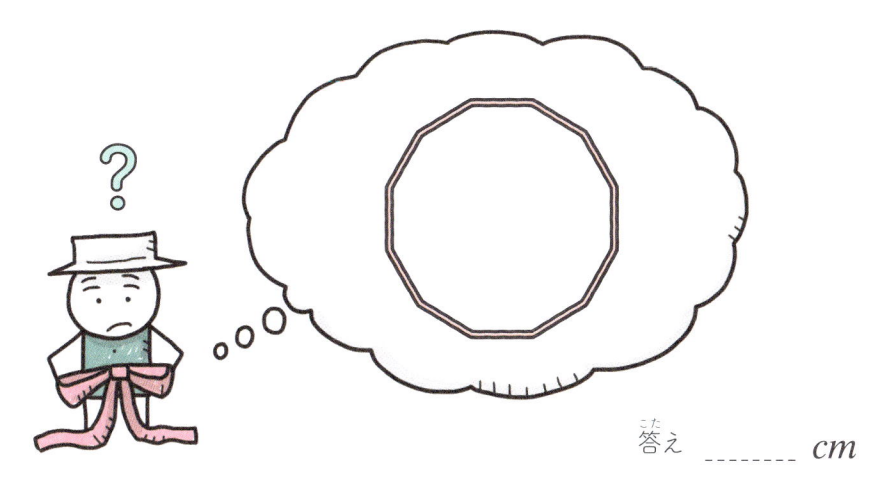

答え ＿＿＿＿＿ cm

次は3つの列車が今日移動した距離と移動するのにかかった時間を記録したものです。それぞれの列車の速度を求めましょう。

19

移動距離：604.8km　　移動時間：4時間

答え　速度 ＿＿＿＿＿ km/h

20

移動距離：531.5km　　移動時間：2時間30分

答え　速度 ＿＿＿＿＿ km/h

21

移動距離：593.6km　　移動時間：3時間12分

答え　速度 ＿＿＿＿＿ km/h

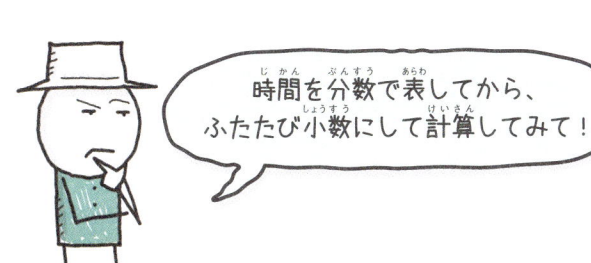

時間を分数で表してから、
ふたたび小数にして計算してみて！

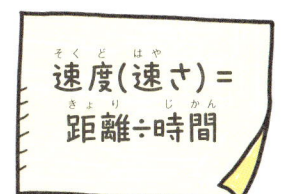

速度(速さ)＝
距離÷時間

167

22 計算の結果が同じもの同士を線で結びましょう。

$0.14 \div 0.7 + 1\dfrac{3}{10}$ ・　　　　・ $8.5 \div 1.7 \times 0.5$

$6.8 \div 4 + 1.3$ ・　　　　・ $2\dfrac{2}{5} \div 0.6 \times 0.75$

$8.8 \times 0.5 \div 2$ ・　　　　・ $9 \times 0.3 - 1\dfrac{2}{10}$

$7.68 \div 2.4 - \dfrac{7}{10}$ ・　　　　・ $1\dfrac{1}{10} \times 7 \div 3.5$

23 ☐にふさわしい数を入れましょう。

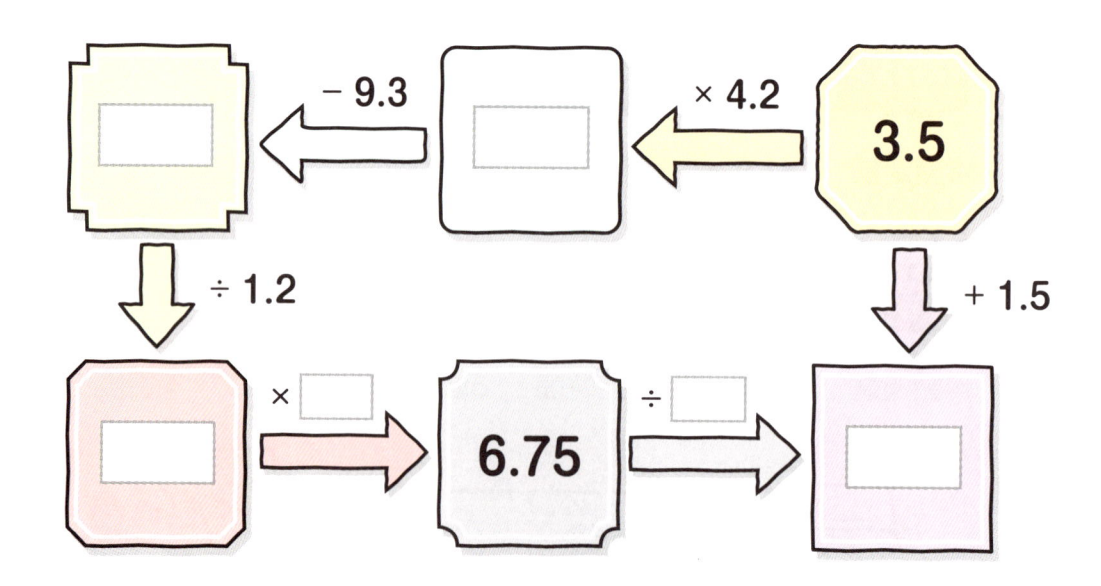

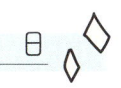

解答は205ページ ▶▶

月　　　日

 次の説明を読んで、あたえられた方法で小数の割り算をしましょう。

★ 割られる数が小さくなると商もそのぶんだけ小さくなり、割る数が小さくなると商はそのぶんだけ大きくなる。

割られる数の $\frac{1}{10}$ 倍 → 商は $\frac{1}{10}$ 倍

$$12 \div 3 = 4 \implies 1.2 \div 0.3 = 4 \times \frac{1}{10} \times 10 = 4$$

割る数の $\frac{1}{10}$ 倍 → 商は10倍

商が $\frac{1}{10}$ 倍になってふたたび10倍になるから、答えは同じになるんだね

24 割られる数の □ 倍 → 商は □ 倍

$$35 \div 5 = 7 \implies 3.5 \div 0.5 = 7 \times \boxed{} \times \boxed{} = \boxed{}$$

割る数の □ 倍 → 商は □ 倍

25 割られる数の □ 倍 → 商は □ 倍

$$8 \div 4 = 2 \implies 0.08 \div 0.04 = 2 \times \boxed{} \times \boxed{} = \boxed{}$$

割る数の □ 倍 → 商は □ 倍

26 割られる数の □ 倍 → 商は □ 倍

$$42 \div 7 = 6 \implies 4.2 \div 0.7 = 6 \times \boxed{} \times \boxed{} = \boxed{}$$

割る数の □ 倍 → 商は □ 倍

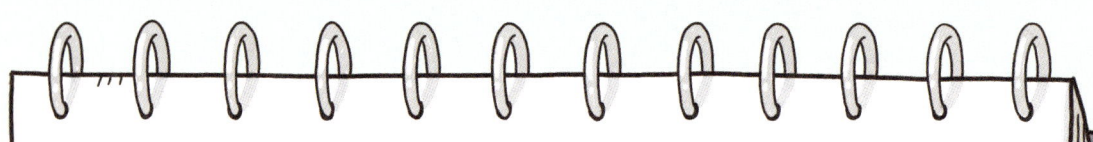

終わりがある小数とない小数

チャレンジ！

```
          小数
           │
    ┌──────┴──────┐
  有限小数        無限小数
```

有限小数
小数点以下の数に
終わりがある小数
例 0.1

無限小数
小数点以下の数に終わりがない小数

```
    ┌──────┴──────┐
 循環小数     循環しない無限小数
```

循環小数
小数点以下の数字が
くり返される小数
例 0.333333…

循環しない無限小数
小数点以下の数字が
くり返されない小数
例 3.1415926…
（円周率）

循環小数の小数点以下で
くり返される部分を
「循環節」っていうんだ

分母の素因数が**2**と**5**のみの分数は有限小数で表すことができる。

なぜなら、**10**は**2×5**に素因数分解できるからだよ。

$$\frac{1}{2} = 0.5 \qquad \frac{3}{5} = 0.6 \qquad \frac{3}{10} = 0.2$$

分母が**2**や**5**以外の分数は循環小数で表すことができる。

$$\frac{1}{3} = 0.333333\cdots \qquad \frac{1}{7} = 0.142857142857\cdots \qquad \frac{1}{9} = 0.1111111\cdots$$

循環節は142857だな！

次の説明を読んで、あたえられた循環小数の循環節に<u>下線</u>を引き、循環節に点をつけて循環小数を表しましょう。

★ 循環節の上に点をつけて循環小数を表す方法

① 循環節が1つの場合、
その数字の上に点をつけて

$$0.\underline{5}55555\cdots = 0.\dot{5} \qquad 0.1\underline{6}6666\cdots = 0.1\dot{6}$$

循環節　　　　　　　　　　　　　　　　循環節

② 循環節が2つ以上の場合
最初の数字と終わりの数字に点をつける。

$$0.\underline{147}147\cdots = 0.\dot{1}4\dot{7} \qquad 0.3\underline{78}7878\cdots = 0.3\dot{7}\dot{8}$$

循環節　　　　　　　　　　　　　　　　循環節

$$0.\underline{9}99999\cdots \quad \rightarrow \quad 0.\dot{9}$$

1　　0.777777…　→　☐　　　　2　　0.855555…　→　☐

3　　0.925925…　→　☐　　　　4　　0.141414…　→　☐

5　　0.2499999…　→　☐　　　　6　　3.8515151…　→　☐

7　　47.732732…　→　☐　　　　8　　88.888888…　→　☐

9　　57.392392…　→　☐　　　　10　　0.24787878…　→　☐

月　　日

解答は205ページ ▶▶

✎ 次は3つの数字を循環節としてもっている循環小数たちです。□にふさわしい数字を入れましょう。

11　8. 5 2 1 □ 2 1 5 □ 1 …

12　2 3 0. 0 4 7 □ 4 7 8 …

13　1 6. 4 9 3 6 □ 3 □ 9 …

> ただし、この小数たちの循環節は、無条件に小数点以下6番目の場所よりも前に登場するよ！

14　次のうち有限小数が書かれたマスに色を塗りましょう。

178.5	8271.272727	57.4$\dot{8}$
2.$\dot{5}$6$\dot{2}$	4.555555…	583.838383
0.97$\dot{9}$	5.8	107.495495…

37 終わりがある小数とない小数

月　　　日

解答は206ページ ▶

✏️ 次の方法であたえられた分数を小数で表しましょう。

〈例〉

| 分母の素因数が2と5のみの分数 | 分母を10の累乗にして有限小数で表す。 | $\dfrac{3}{25}$ ⇨ $\dfrac{12}{100}$ ⇨ 0.12 |
| 分母に2と5以外の素因数が含まれる分数 | 分子を分母で割って無限小数で表す。 | $\dfrac{5}{6}$ ⇨ $5 \div 6$ ⇨ $0.8\dot{3}$ |

15　$\dfrac{9}{20}$ → ☐ → ☐

16　$\dfrac{2}{9}$ → ☐ → ☐

17　$\dfrac{1}{4}$ → ☐ → ☐

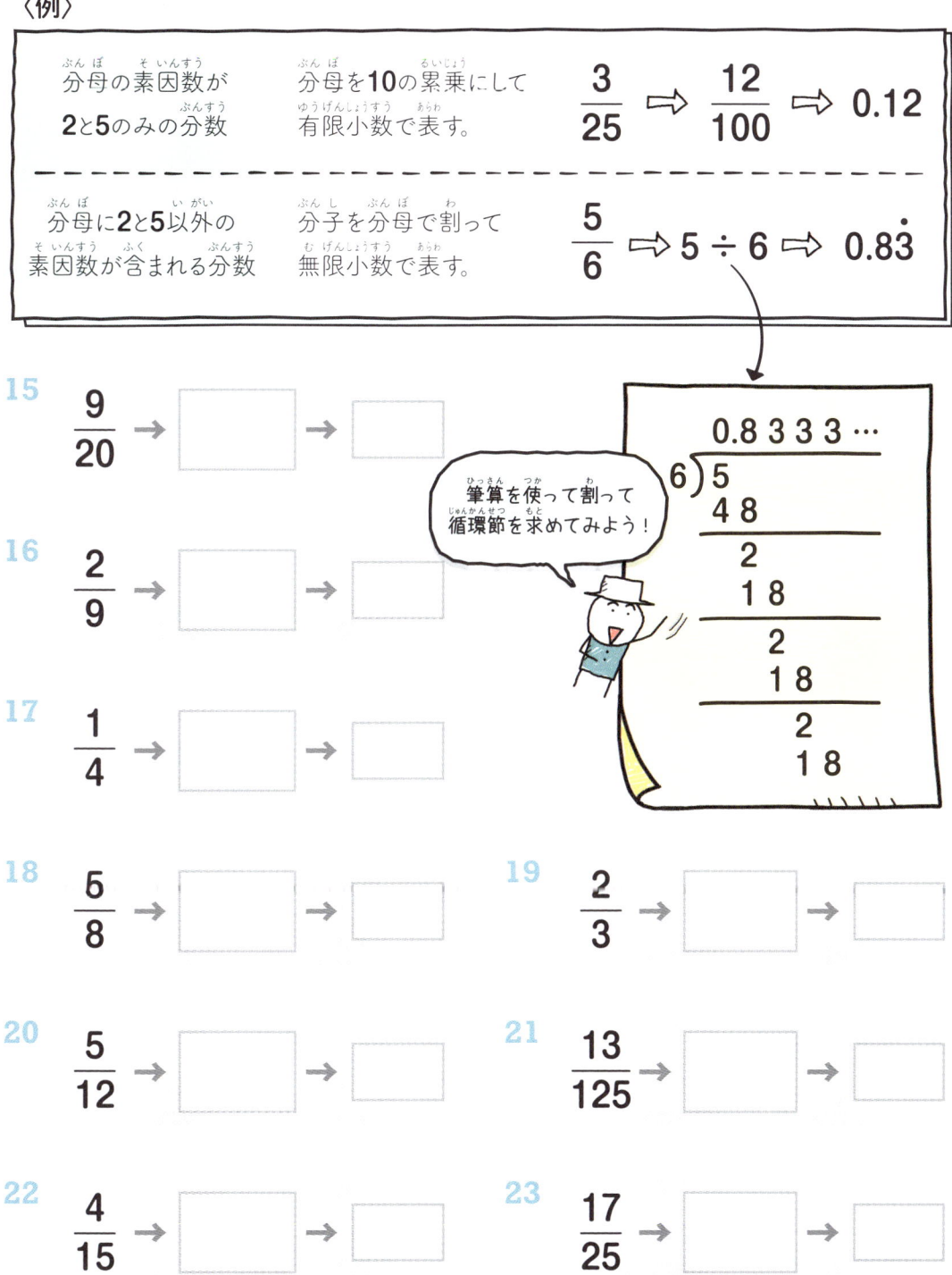

筆算を使って割って循環節を求めてみよう！

```
  0.8 3 3 3 …
6)5
  4 8
    2
    1 8
      2
      1 8
        2
        1 8
```

18　$\dfrac{5}{8}$ → ☐ → ☐　　19　$\dfrac{2}{3}$ → ☐ → ☐

20　$\dfrac{5}{12}$ → ☐ → ☐　　21　$\dfrac{13}{125}$ → ☐ → ☐

22　$\dfrac{4}{15}$ → ☐ → ☐　　23　$\dfrac{17}{25}$ → ☐ → ☐

38 くり返される小数と分数

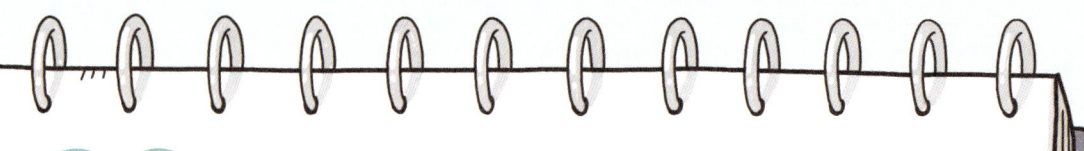

チャレンジ！

★ 循環小数（＝くり返される小数）を分数で表す方法

① 循環小数を x とする。

$$x = 0.444444\cdots$$

② 両辺に10の累乗をかけて小数点以下の部分が同じ2つの式をつくる。

しっぽが同じに
なった！

$\times 10$ $\left(\begin{array}{l} x = 0.444444\cdots \\ 10x = 4.444444\cdots \end{array}\right)$ $\times 10$

③ 2つの式の差を求める。

$$\begin{array}{r} 10x = 4.444444\cdots \\ -)\quad x = 0.444444\cdots \\ \hline 9x = 4 \end{array}$$

小数点以下の部分が
なくなるから、
差は無条件に
自然数になるよ！

④ x の値を分数で表す。

$$x = \frac{4}{9}$$

0.444444… は $\frac{4}{9}$ と同じなんだね

38 くり返される小数と分数

次はある循環小数に10の累乗をかけて小数点以下の部分が同じ循環小数をつくる方法です。□ に入る数を求めましょう。

> 100をかけると
> 小数点が右に
> 2ケタぶん移動して、
> しっぽが同じになるよ

$$×100$$
$$3.78787878… \rightarrow 378.78787878…$$

1

× □

$0.888888… \rightarrow 8.888888…$

2

× □

$7.555555… \rightarrow 75.555555…$

3

× □

$4.020202… \rightarrow 402.020202…$

4

× □

$0.494949… \rightarrow 49.494949…$

5

× □

$0.222222… \rightarrow$ □

6

× □

$6.444444… \rightarrow$ □

7

× □

$12.343434… \rightarrow$ □

8

× □

$9.818181… \rightarrow$ □

9

× □

$0.140140… \rightarrow$ □

10

× □

$28.974974… \rightarrow$ □

> ちなみに、10の累乗は
> できるだけ小さい数を使ってね

38 くり返される小数と分数

 次はある循環小数 x を分数で表す方法です。□に入る数を求めましょう。

11

12

$$x = 0.232323\cdots$$
$$100\,x = 23.232323\cdots$$

$$x = 0.777777\cdots$$
$$\boxed{}\,x = 7.777777\cdots$$

$$x = 0.121212\cdots$$
$$\boxed{}\,x = 12.121212\cdots$$

小数点以下の部分が同じ循環小数をつくる。

⇩　　　　　⇩　　　　　⇩

$$100\,x = 23.232323\cdots$$
$$\ \ x = \ \ 0.232323\cdots$$
$$99\,x = 23$$

$$\boxed{}\,x = 7.777777\cdots$$
$$\ x = 0.777777\cdots$$
$$\boxed{}\,x = 7$$

$$\boxed{}\,x = 12.121212\cdots$$
$$\ x = \ \ 0.121212\cdots$$
$$\boxed{}\,x = 12$$

2つの式の差を求める。

⇩　　　　　⇩　　　　　⇩

$$x = \frac{23}{99}$$

$$x = \boxed{}$$

$$x = \boxed{}$$

x の値を求める。

⇩　　　　　⇩　　　　　⇩

$$0.232323\cdots = \frac{23}{99}$$

$$0.777777\cdots = \boxed{}$$

$$0.121212\cdots = \boxed{}$$

循環小数を分数で表す。

約分できる場合は
約分して表してみてね

解答は206ページ▶

13　**14**　**15**

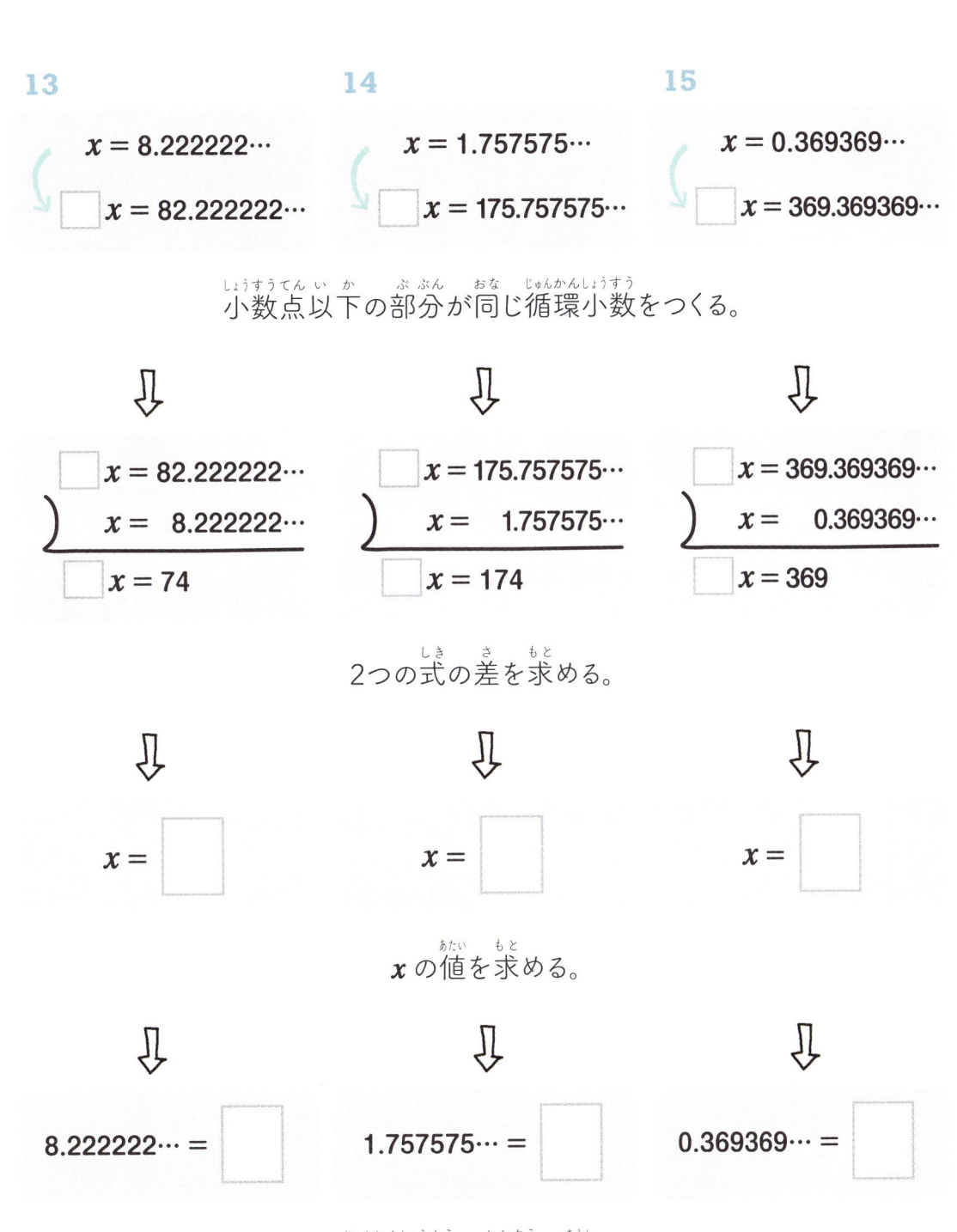

16 スズメたちの話を聞いて、器のなかの豆が意味する循環小数の値を帯分数にかえて答えましょう。

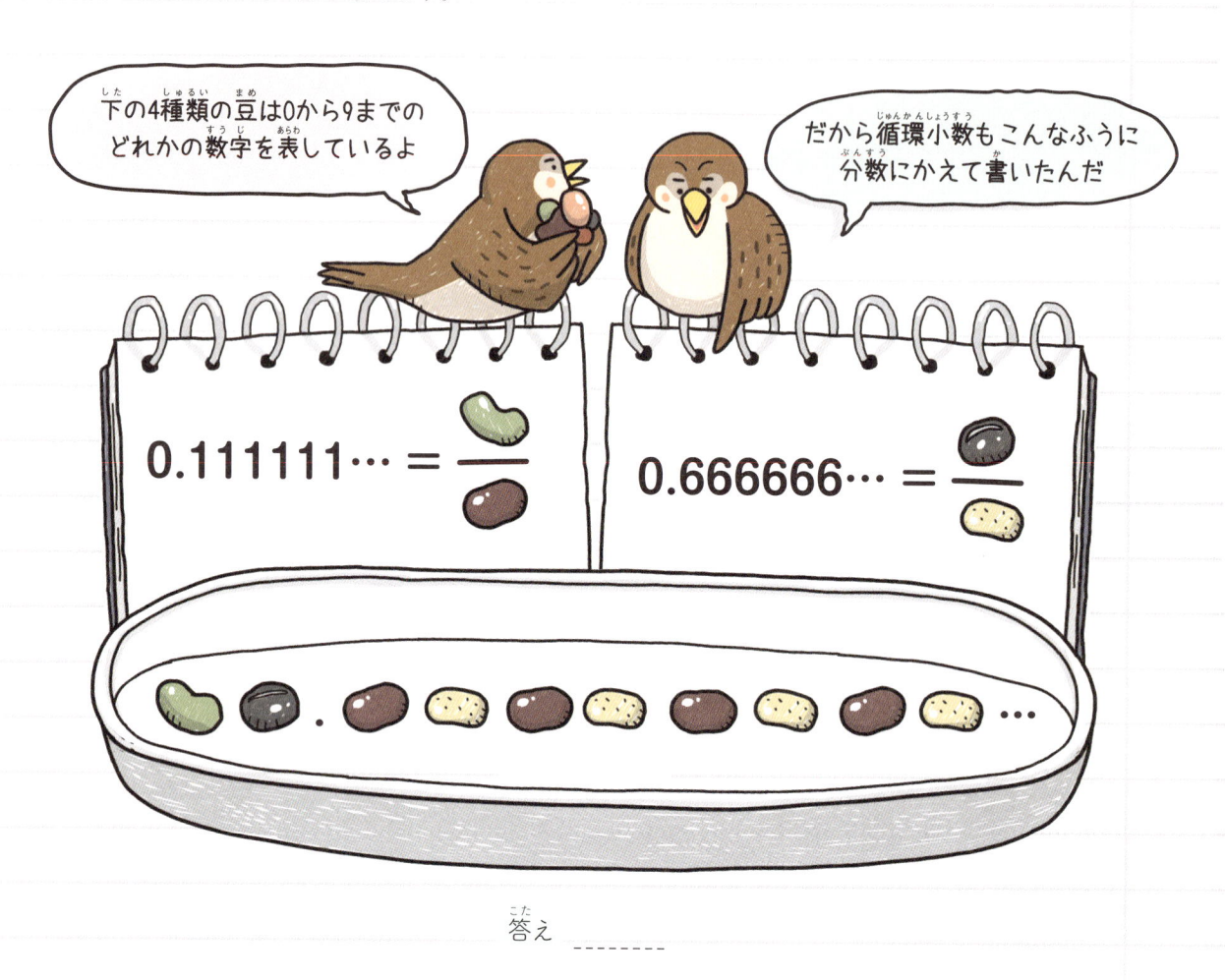

答え _____

17 次のうち分数で表現したときに、自然数と同じ値をもつようになる循環小数が書かれたレンガすべてに色を塗りましょう。

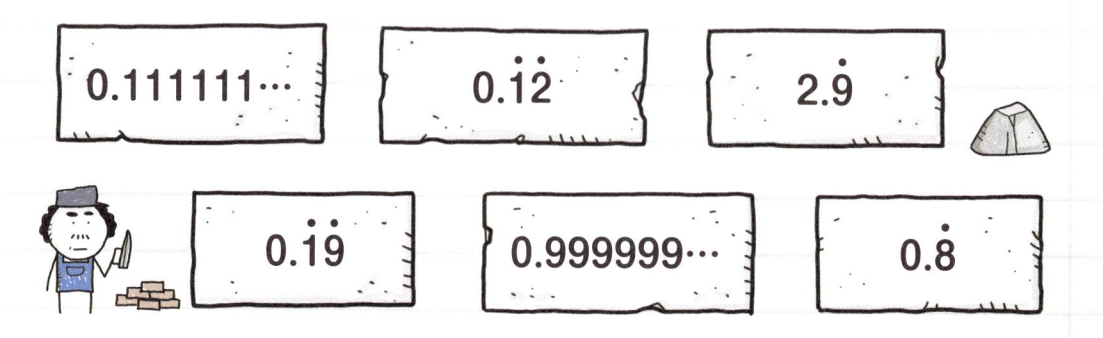

0.111111…　　0.1̇2̇　　2.9̇

0.1̇9̇　　0.999999…　　0.8̇

38 くり返される小数と分数

次はある循環小数に10の累乗をかけて小数点以下が同じ2つの循環小数を
つくる方法です。□ に入る数を答えましょう。

$$0.499999\cdots \begin{array}{c} \times 10 \\ \times 100 \end{array} \begin{array}{l} 4.99999\cdots \\ 49.99999\cdots \end{array}$$

18

$$0.877777\cdots \begin{array}{c} \times \boxed{} \\ \times \boxed{} \end{array} \begin{array}{l} 8.77777\cdots \\ 87.77777\cdots \end{array}$$

19

$$0.0533333\cdots \begin{array}{c} \times \boxed{} \\ \times \boxed{} \end{array} \begin{array}{l} 5.33333\cdots \\ 53.33333\cdots \end{array}$$

20

$$6.522222\cdots \begin{array}{c} \times \boxed{} \\ \times \boxed{} \end{array} \begin{array}{l} 65.22222\cdots \\ 652.22222\cdots \end{array}$$

21

$$9.7141414\cdots \begin{array}{c} \times \boxed{} \\ \times \boxed{} \end{array} \begin{array}{l} 97.141414\cdots \\ 9714.141414\cdots \end{array}$$

22

$$0.033333\cdots \begin{array}{c} \times \boxed{} \\ \times \boxed{} \end{array} \begin{array}{l} \boxed{} \\ \boxed{} \end{array}$$

23

$$8.966666\cdots \begin{array}{c} \times \boxed{} \\ \times \boxed{} \end{array} \begin{array}{l} \boxed{} \\ \boxed{} \end{array}$$

24

$$0.0477777\cdots \begin{array}{c} \times \boxed{} \\ \times \boxed{} \end{array} \begin{array}{l} \boxed{} \\ \boxed{} \end{array}$$

25

$$5.6232323\cdots \begin{array}{c} \times \boxed{} \\ \times \boxed{} \end{array} \begin{array}{l} \boxed{} \\ \boxed{} \end{array}$$

今回は、できるだけ
小さい10の累乗を使わなきゃだよ！

38 くり返される小数と分数

 次はある循環小数 x を分数で表す方法です。□に入る数を答えましょう。

26 **27**

$x = 0.055555\cdots$

$10\,x = 0.55555\cdots$

$100\,x = 5.55555\cdots$

$x = 0.077777\cdots$

□$x = 0.77777\cdots$

□$x = 7.77777\cdots$

$x = 0.488888\cdots$

□$x = 4.88888\cdots$

□$x = 48.88888\cdots$

小数点以下が同じ2つの循環小数をつくる。

⇩ ⇩ ⇩

$100\,x = 5.55555\cdots$
$10\,x = 0.55555\cdots$
$90\,x = 5$

$-)$ □$x = 7.77777\cdots$
□$x = 0.77777\cdots$
□$x = 7$

$-)$ □$x = 48.88888\cdots$
□$x = 4.88888\cdots$
□$x = 44$

2つの式の差を求める。

⇩ ⇩ ⇩

$x = \dfrac{1}{18}$

$x = $ □

$x = $ □

x の値を求める。

⇩ ⇩ ⇩

$0.055555\cdots = \dfrac{1}{18}$

$0.077777\cdots = $ □

$0.488888\cdots = $ □

循環小数を分数で表す。

解答は206、207ページ ▶

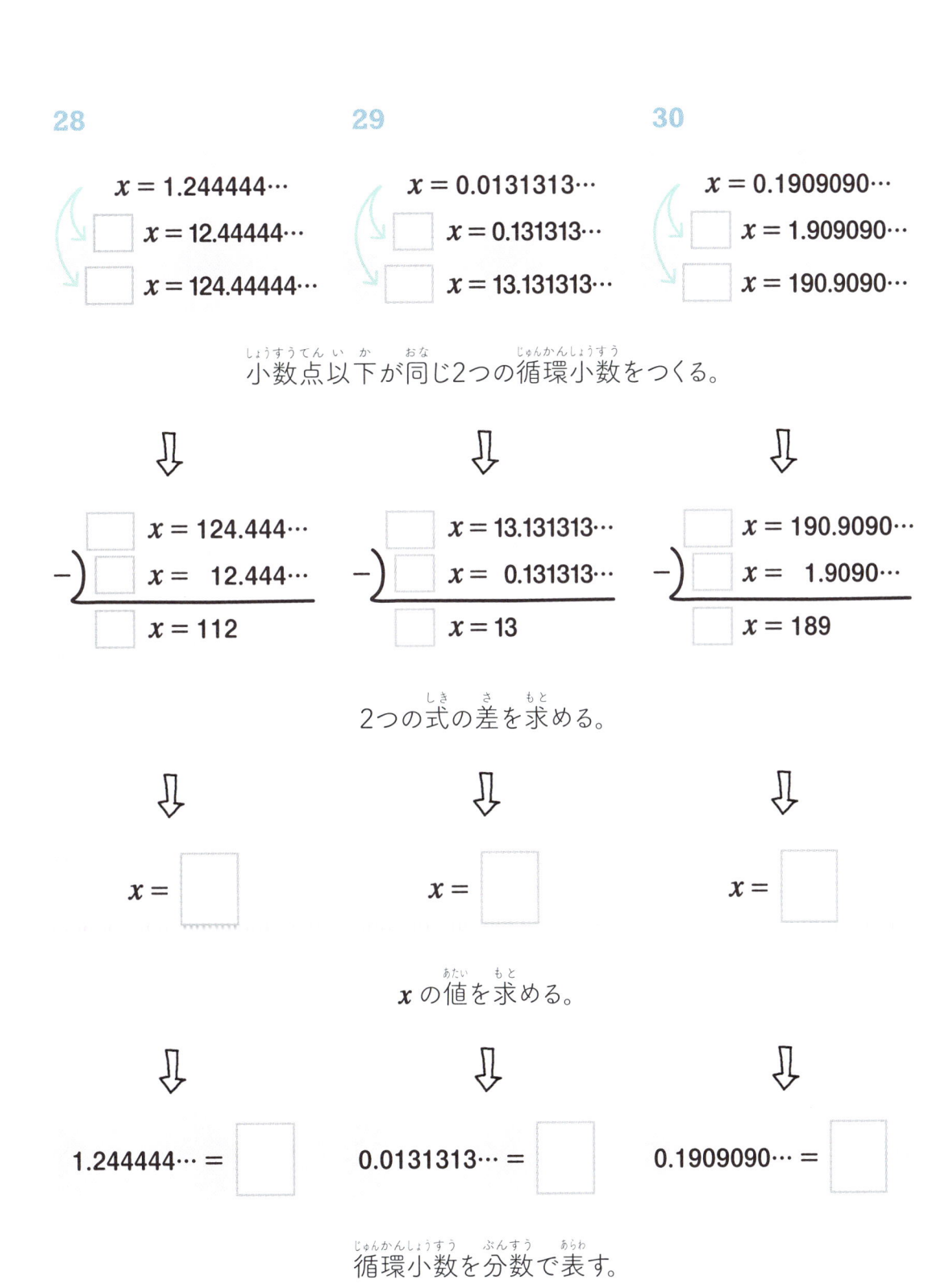

28

$x = 1.244444\cdots$

$\boxed{}\ x = 12.44444\cdots$

$\boxed{}\ x = 124.44444\cdots$

29

$x = 0.0131313\cdots$

$\boxed{}\ x = 0.131313\cdots$

$\boxed{}\ x = 13.131313\cdots$

30

$x = 0.1909090\cdots$

$\boxed{}\ x = 1.909090\cdots$

$\boxed{}\ x = 190.9090\cdots$

小数点以下が同じ2つの循環小数をつくる。

$\Downarrow$　$\Downarrow$　$\Downarrow$

$\boxed{}\ x = 124.444\cdots$
$-)\ \boxed{}\ x =\ \ 12.444\cdots$
$\boxed{}\ x = 112$

$\boxed{}\ x = 13.131313\cdots$
$-)\ \boxed{}\ x =\ \ 0.131313\cdots$
$\boxed{}\ x = 13$

$\boxed{}\ x = 190.9090\cdots$
$-)\ \boxed{}\ x =\ \ 1.9090\cdots$
$\boxed{}\ x = 189$

2つの式の差を求める。

$\Downarrow$　$\Downarrow$　$\Downarrow$

$x = \boxed{}$　$x = \boxed{}$　$x = \boxed{}$

x の値を求める。

$\Downarrow$　$\Downarrow$　$\Downarrow$

$1.244444\cdots = \boxed{}$　$0.0131313\cdots = \boxed{}$　$0.1909090\cdots = \boxed{}$

循環小数を分数で表す。

31 分数にかえたときに分母が90になる循環小数にそって迷路を進み、ゴールを目指しましょう。

解答と解説

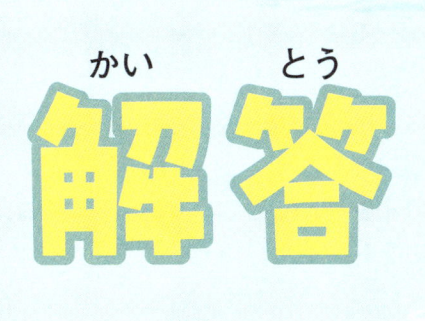

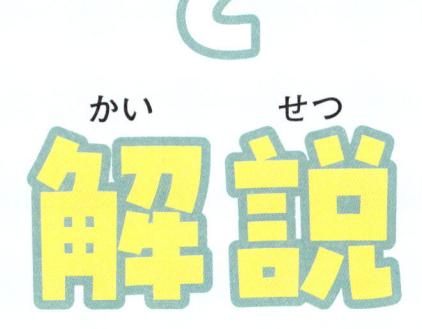

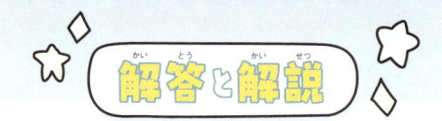
解答と解説

CHAPTER 1

P10

1. 左辺 3×10　右辺 30
2. 左辺 8　右辺 8
3. 左辺 4　右辺 $12 \div 3$
4. 左辺 $5 \times 5 - 2$　右辺 23
5. 左辺 $2 + 2$　右辺 4
6. 左辺 10　右辺 $100 \div 10$
7. 左辺 $6 + 1$　右辺 $1 + 6$
8. 左辺 $1 + 2 + 3$　右辺 $3 + 2 + 1$
9. 左辺 $8 \times 3 \div 2$　右辺 12
10. 左辺 $199 + 1$　右辺 $201 - 1$
11. 左辺 0　右辺 $10 - 10$
12. 左辺 0　右辺 $4 \times 7 \times 0$

P11

13.

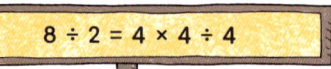
$8 \div 2 = 4 \times 4 \div 4$

$97 = 100 - 3$

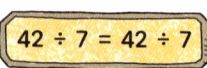
$42 \div 7 = 42 \div 7$

記号：$=$（イコール）

P12

14. ウサギ
15. ×
16. ×
17. ○
18. ○
19. ○

P13

20. $-$
21. $+$
22. 2
23. $=$
24. $=$、4
25. $-$
26. $\div$
27. 0
28. 10
29. $-$
30. $\times$
31. $\div$

P14

32. $72 \div 3 = 252 \div 42 \times 4$
33. $\boxed{9}$ 、 $\boxed{+}$ 、 $\boxed{5}$ 、 $\boxed{=}$ 、 $\boxed{14}$

P16

1. a、2
2. y、1
3. x、4
4. b、7
5. a、1
6. x、5
7. y、4
8. x、100
9. a、2
10. y、2

P17

11. $x + 18 = 40$
12. $27 \div x = 9$
13. $2x - 5 = 17$
14. $x + 30 = 96 \div 3$
15. $2 + \boxed{8}\,y = 4\,\boxed{y} + 10$

P19

1. $7x$
2. $2x$
3. $10y$
4. $15a$
5. a
6. $6b$
7. 0
8. $12y$
9. $5a$
10. $11b$

P20

11. $2x + 5$ ／ $3x - 3$ ／ $5x + 2$
12. 6、3

P22

1. ×、×、○、×
2. ×、×、○、×、× ／ 方程式
3. ○、○、○、○、○ ／ 恒等式
4. ○、×、×、×、× ／ 方程式

5. ユウキ

解説 等式のなかで「3＋3＝6」のように、未知数が含まれていない等式は、方程式でも恒等式でもありません。

6. $9+2-2=6-2+4$ ／ ✕

$9+3-2=9-3+4$ ／ ◯

$9+4-2=12-4+4$ ／ ✕

$9+5-2=15-5+4$ ／ ✕

方程式

7. ①②③④⑤ ／ **恒等式**
8. ①②③④⑤ ／ **方程式**
9. ①②③④⑤ ／ **方程式**
10. ①②③④⑤ ／ **方程式**

11.

$9k + 3 = 30$

$3y - y = 16$

$2a = 14 + a$

1. 4、5

2. 2	**3.** 2	**4.** 1
5. $2y$	**6.** 2	**7.** 2
8. $9b$	**9.** 7	**10.** 8

11. x

12. ③

解説 空欄に10がくると左辺と右辺が同じになるため、方程式ではなく恒等式になります。

1. ✕、✕、◯、4
2. ✕、✕、✕、◯、5

3. ✕、✕、✕、✕、◯、6

4. 3	**5.** 4	**6.** 11
7. 6	**8.** 12	

9.

$5 + 2x = 15$ — $x = 1$

$88 \div x = 22$ — $x = 7$

$2x \times 9 = 36$ — $x = 4$

$2 + x + 2 + x = 18$ — $x = 2$

$(x + 2) \times 4 = 12$ — $x = 5$

10. $20 - b = \boxed{13}$

$3x + \boxed{3} = 24$

$53 = \boxed{7}\,y + 4$

$6 + 4 - \boxed{3} = a$

$4 = \boxed{4}\,a - 4 \times 6$

$300 - \boxed{10}\,x = 230$

$14 \times \boxed{3} = 6y$

1. $a + 18 - 18 = 26 - 18$、$a = 8$
2. $4 + x - 4 = 30 - 4$、$x = 26$
3. $y - 7 + 7 = 2 + 7$、$y = 9$
4. $x + 21 - 21 = 21 - 21$、$x = 0$
5. $3 + b - 3 = 15 - 3$、$b = 12$

6. $3x \div 3 = 15 \div 3$、$x = 5$
7. $4x \div 4 = 12 \div 4$、$x = 3$
8. $4a \div 4 = 100 \div 4$、$a = 25$
9. $2y \div 2 = 0 \div 2$、$y = 0$
10. $8y \div 8 = 8 \div 8$、$y = 1$

11. 6、2、42、7
12. 21、3

13. $3x = 6$、$x = 2$
14. $2a = 24$、$a = 12$
15. $7a = 35$、$a = 5$

1. $y = 22 - 9$
2. $7 = 2a - a$
3. $31 + 5 = x$
4. $2y - y = 3$
5. $a = 20 - 5$
6. $9 - 2 = x$
7. $21 + 13 = b$
8. $5x - 4x = 4$

9. $a = 8 \div 2$
10. $81 \div 9 = x$
11. $7 \div 7 = y$
12. $x = 200 \div 5$
13. $x = 8 \div 8$
14. $27 \div 9 = y$
15. $1000 \div 10 = b$
16. $a = 0 \div 3$

17. $-$、36、36、$\div$

18. $3y = 31 - 7$、$3y = 24$、
$y = 24 \div 3$、$y = 8$
19. $6a = 10 + 2$、$6a = 12$、
$a = 12 \div 6$、$a = 2$
20. $10x = 43 - 3$、$10x = 40$、
$x = 40 \div 10$、$x = 4$

1. イチゴの値段
$x = 1190 + 600 - 450$
2. 今回の算数のテストの点数
$x = 87 + 8$
3. 先生の体重
$x = 45 \times 2$
4. ほしかったリボンの長さ
$64 \div 2 - 7 = x$（または$x = 64 \div 2 - 7$）

5. 今日の平均気温

$x = 19 + 4$ ／ 23

6. マユミの妹の年齢

$x = 13 \times 2 - 15$ ／ 11

7. 最初にあった溶液の量

$55 = x - 10$（または$x - 10 = 55$）/65

8.

$x + 6$

x

$4x + 12 = 68$

畑の面積 = 280 m²

解説 畑の縦の長さがx、横の長さが$x + 60$であるから、畑の周囲は$x + x + (x + 6) + (x + 6) = 4x + 12$になります。このとき、$4x + 12 = 68$なので、$x$の値は14です。よって、畑の縦の長さは14m、横の長さは20mで、面積は280㎡です。

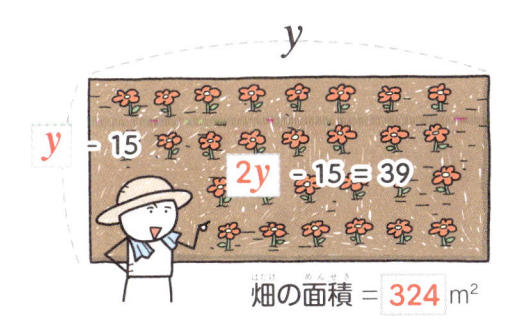

y

$y - 15$

$2y - 15 = 39$

畑の面積 = 324 m²

解説 畑の横の長さがy、縦の長さが$y - 15$なので、畑の横と縦の長さの和は、$y + (y - 15) = 2y - 15$です。このとき$2y - 15 = 39$なので、yの値は27になります。よって、畑の横の長さは27m、縦の長さは12mで、面積は324㎡です。

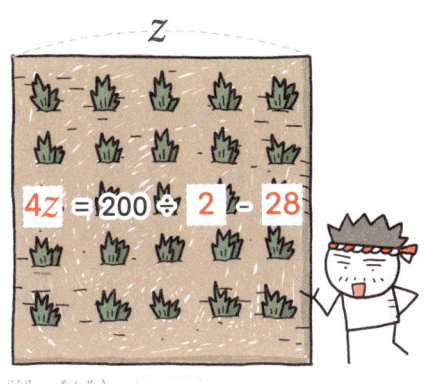

z

$4z = 200 \div 2 - 28$

畑の面積 = 324 m²

解説 畑の横と縦の長さがzなので、畑の周囲は$4z$です。このとき$4z = 200 \div 2 - 28$なので、zの値は18です。よって畑の横と縦の長さは18mで、面積は324㎡です。

CHAPTER 2

1. | 1 | 2 | 3 | 4 | 5 | 6 |

1、2、3、6

2. | 1 | 2 | 3 | 4 | 5 |

1、5

3. | 1 | 2 | 3 | 4 | 5 | 6 | 7 |
| 8 | 9 | 10 | 11 | 12 | 13 | 14 |

1、2、7、14

4. | 1 | 2 | 3 | 4 | 5 | 6 | 7 |
| 8 | 9 | 10 | 11 | 12 | 13 | 14 |
| 15 | 16 | 17 | 18 | 19 | 20 | 21 |

1、3、7、21

5. 3、6、9、12、15

6. 7、14、21、28、35

7. 10、20、30、40、50

8. 13、26、39、52、65

9. ④

解説 20は4でも5でも割り切れる数です。

10.

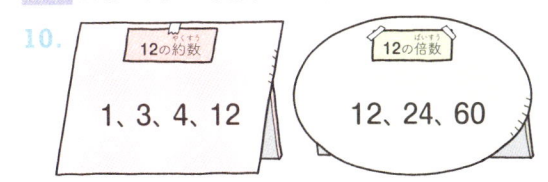

12の約数

1、3、4、12

12の倍数

12、24、60

P52

11.

26	1、2、13、26	16	不足数
27	1、3、9、27	13	不足数
28	1、2、4、7、14、28	28	完全数
29	1、29	1	不足数
30	1、2、3、5、6、10、15、30	42	過剰数
31	1、31	1	不足数
32	1、2、4、8、16、32	31	不足数
33	1、3、11、33	15	不足数
34	1、2、17、34	20	不足数
35	1、5、7、35	13	不足数
36	1、2、3、4、6、9、12、18、36	55	過剰数

P54

1. 15の約数

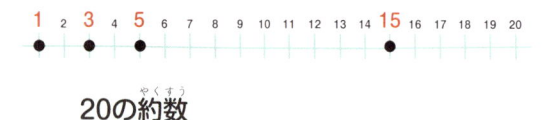

20の約数

15、20の公約数：1、5

2. 9の約数　12の約数

9、12の最大公約数：3

P55

3.

16の約数			
1	**2**	3	**4**
5	6	7	**8**
9	10	11	12
13	14	15	**16**

28の約数			
1	**2**	3	**4**
5	6	**7**	8
9	10	11	12
13	**14**	15	16
17	18	19	20
21	22	23	24
25	26	27	**28**

24の約数			
1	**2**	**3**	**4**
5	**6**	7	**8**
9	10	11	**12**
13	14	15	16
17	18	19	20
21	22	23	**24**

16、24、28の公約数：1、2、4

16、24、28の最大公約数：4

P56

4. 1、2、3、6 ／ 1、3、9 ／ 3

5. 1、7 ／ 1、3、7、21 ／ 7

6. 1、2、4、8 ／ 1、2、4、11、22、44 ／ 4

7. 1、2、5、10 ／ 1、5、25 ／ 5

8. 1、3. 5、9、15、45 ／
1、3、7、9、21、63 ／ 9

9. 1、2、7、14 ／ 1、2、13、26 ／ 2

P57

10.

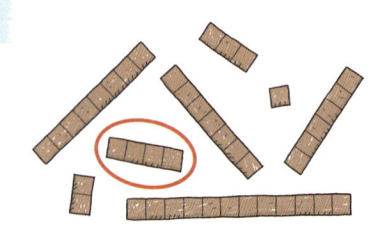

解説 8マスのレンガでできた穴を埋めることができるのは、1、2、4、8マスのレンガです。12マスのレンガでできた穴を埋めることができるのは、1、2、3、4、6、12マスのレンガです。よって、2つの穴を埋められるレンガは1、2、4マスでできたレンガなので、作業をする人はその中でいちばん大きい4マスでできたレンガを使わなければなりません。

1. 2の倍数

4の倍数

2と4の公倍数：4、8、12、16、20

2. 30

3.

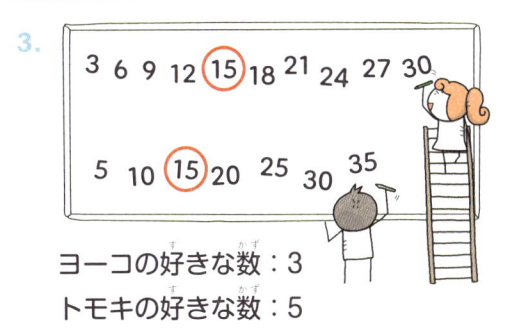

ヨーコの好きな数：3
トモキの好きな数：5

4. 3、9

解説 ケンタが選んだ2つの数の最小公倍数は9です。つまり、ケンタが選んだ2つの数は9の約数です。よって、2から10までのうち、ケンタが選んだ2つの数は3と9になります。

5. 3、6、9、12、15 ／
6、12、18、24、30 ／ 6

6. 8、16、24、32、40 ／
12、24、36、48、60 ／ 24

7. 20、40、60、80、100 ／
50、100、150、200、250 ／ 100

8. 18、36、54、72、90 ／
27、54、81、108、135 ／ 54

9. 21、42、63、84、105 ／
28、56、84、112、140 ／ 84

10. 26、52、78、104、130 ／
65、130、195、260、325 ／ 130

11.

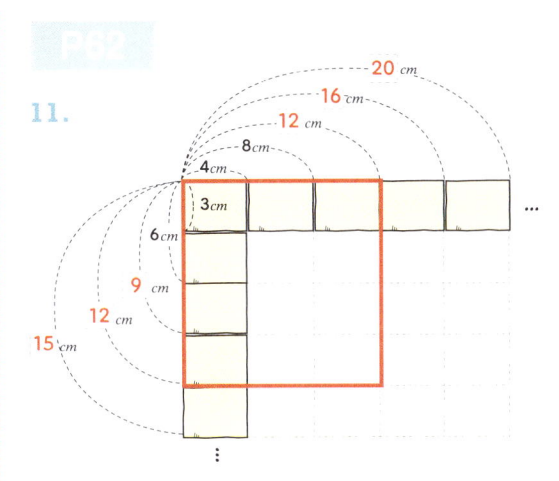

「それなら横と縦が 12 cmの正方形をつくれるぞ！」／「つまり、ぼくがこのメモ用紙でつくれるいちばん小さな正方形の面積は 144 cm²になるってことだ」

1. 1、3

2. 1、2、4 ／ 合成数

3. 1、2、3、6 ／ 合成数

4. 1、7 ／ 素数

5. 1、3、9 ／ 合成数

6. 1、11 ／ 素数

7. 1、13 ／ 素数

8. 1、2、4、8、16 ／ 合成数

9.

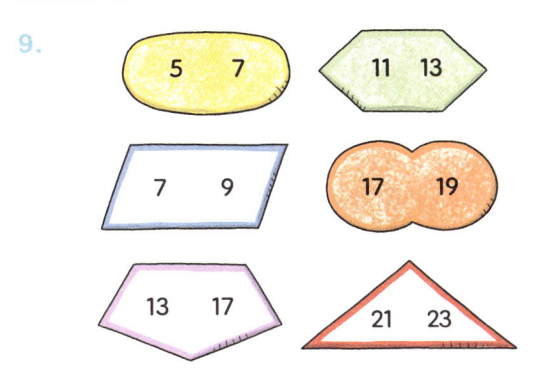

10. 2、2、4、2
   素数、素数、合成数、素数

11.

2、3、5、7、11、13、17、19、23、29
31、37、41、43、47

1. | 1 | **2** | 4 |
2. | 1 | **2** | 4 | 8 |
3. | 1 | **2** | **5** | 10 |
4. | 1 | **2** | 4 | 8 | 16 |
5. | 1 | **2** | **7** | 14 |
6. | 1 | **3** | **5** | 15 |
7. | 1 | **3** | **7** | 21 |
8. | 1 | **2** | **11** | 22 |

9. 3
10. 2、3 ／ 6 = 2×3
11. 2、3 ／ 18 = 2×3×3
12. 2、5 ／ 20 = 2×2×5

1. 9 = 3×3

2. 15 = 3×5

3. 22 = 2×11

4. 8 = 2×2×2

5. 18 = 2×3×3

6. 16 = 2×2×2×2

7. 24 = 2×2×2×3

8. 32 = 2×2×2×2×2

9. 72 = 2×2×2×3×3

10.

2	?	
2	20	
2	10	
	5	

?の値：40

11. ②

12.

```
24
 = 2 × 12
 = 2 × 2 × 6
 = 2 × 2 × 2 × 3
```

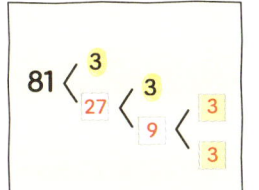

```
24 < 2
    12 < 2
       6 < 2
          3
```

13.

```
81
 = 3 × 27
 = 3 × 3 × 9
 = 3 × 3 × 3 × 3
```

```
81 < 3
    27 < 3
       9 < 3
          3
```

14.

```
210
 = 2 × 105
 = 2 × 3 × 35
 = 2 × 3 × 5 × 7
```

```
210 < 2
    105 < 3
        35 < 5
            7
```

15.

```
693
 = 3 × 231
 = 3 × 3 × 77
 = 3 × 3 × 7 × 11
```

```
693 < 3
    231 < 3
        77 < 7
            11
```

1.

```
18 = 2 × ③ × ③
27 = ③ × ③ × 3
```
3×3 ／ 9

2.

```
30 = ② × 3 × ⑤
50 = ② × ⑤ × 5
```
2×5 ／ 10

3.

```
28 = ② × 2 × ⑦
70 = ② × 5 × ⑦
```
2×7 ／ 14

4.

```
45 = ③ × 3 × ⑤
105 = ③ × ⑤ × 7
```
3×5 ／ 15

5. 126

解説 4つの数の共通の素因数は2、3、3、7なので、4つの数の最大公約数は $2 × 3 × 3 × 7 = 126$ になります。

6. 5、3、3、5、15

1.

```
3 ) 18   27
3 )  6    9
     2    3
```
3×3 ／ 9

2.

```
2 ) 12   42
3 )  6   21
     2    7
```
2×3 ／ 6

3.

```
5 ) 50   75
5 ) 10   15
     2    3
```
5×5 ／ 25

4.

2	)	24	32
2	)	12	16
2	)	6	8
		3	4

$2 \times 2 \times 2$ ／ 8

5.

2	)	54	90
3	)	27	45
3	)	9	15
		3	5

$2 \times 3 \times 3$ ／ 18

6.

2	)	80	280
2	)	40	140
2	)	20	70
5	)	10	35
		2	7

$2 \times 2 \times 2 \times 5$ ／ 40

7. 108、36、18、6、6、3

1.

$20 = 2 \times 2 \times 5$
$70 = 2 \times 5 \times 7$

$2 \times 2 \times 5 \times 7$ ／ 140

2.

$28 = 2 \times 2 \times 7$
$44 = 2 \times 2 \times 11$

$2 \times 2 \times 7 \times 11$ ／ 308

3.

$12 = 2 \times 2 \times 3$
$78 = 2 \times 3 \times 13$

$2 \times 2 \times 3 \times 13$ ／ 156

4.

$18 = 2 \times 3 \times 3$
$27 = 3 \times 3 \times 3$

$2 \times 3 \times 3 \times 3$ ／ 54

5. 2520

解説 2つの数の共通の素因数は2、5、7で、2つの数の最小公倍数は2×2×2×3×3×5×7＝2520になります。

6. 2、7 ／ 11

ケンタの身長：154cm
ヨシキの身長：168cm

1.

2	)	28	42
7	)	14	21
		2	3

$2 \times 7 \times 2 \times 3$ ／ 84

2.

3	)	27	45
3	)	9	15
		3	5

$3 \times 3 \times 3 \times 5$ ／ 135

3.

2	)	44	66
11	)	22	33
		2	3

$2 \times 11 \times 2 \times 3$ ／ 132

4.

2	)	54	36
3	)	27	18
3	)	9	6
		3	2

$2 \times 3 \times 3 \times 3 \times 2$ ／ 108

5.

2	)	40	56
2	)	20	28
2	)	10	14
		5	7

$2 \times 2 \times 2 \times 5 \times 7$ ／ 280

6.

2	)	108	270
3	)	54	135
3	)	18	45
3	)	6	15
		2	5

$2 \times 3 \times 3 \times 3 \times 2 \times 5$ ／ 540

7.

2	)	a	b	c
2	)	120	300	420
2	)	60	150	210
3	)	30	75	105
5	)	10	25	35
		d	e	f

$a + b + c$：1680

d、e、fの最小公倍数：70

解説　$a = 240$、$b = 600$、$c = 840$、$d = 2$、$e = 5$、$f = 7$

---

8. 5時55分

解説　108番バスの配車間隔は25分で、519番バスの配車間隔は35分なので、2台のバスは25と35の最小公倍数である175分ごとに同時に通り過ぎます。よって2台のバスがふたたび同時に通り過ぎるいちばん早い時間は3時から175分後の5時55分になります。

CHAPTER 3

1. $= 3 \times 9 + 8 \times 1$
$= 27 + 8$
$= 35$

2. $= 1 \times 7 + 6 \times 1$
$= 7 + 6$
$= 13$

3. $= 2 \times 6 \times 6 + 5 \times 6 + 0 \times 1$
$= 72 + 30 + 0$
$= 102$

4. $= 4 \times 5 \times 5 + 2 \times 5 + 3 \times 1$
$= 100 + 10 + 3$
$= 113$

5. $= 3 \times 4 \times 4 + 3 \times 4 + 3 \times 1$
$= 48 + 12 + 3$
$= 63$

6. $= 1 \times 8 \times 8 \times 8 + 7 \times 8 \times 8$
$\quad + 6 \times 8 + 4 \times 1$
$= 512 + 448 + 48 + 4$
$= 1012$

7.

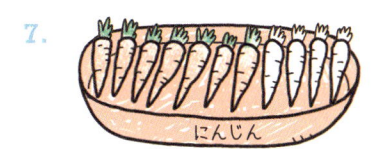

にんじん

$= 1 \times 7 + 0 \times 1$
$= 7 + 0$
$= 7$ 個

8.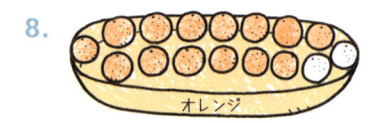

$= \boxed{2} \times 6 + \boxed{2} \times 1$

$= \boxed{12} + \boxed{2}$

$= \boxed{14}$ 個

9.

$= \boxed{2} \times 5 + \boxed{3} \times 1$

$= \boxed{10} + \boxed{3}$

$= \boxed{13}$ 個

10.

$= \boxed{1} \times 3 \times 3 + \boxed{2} \times 3 + \boxed{0} \times 1$

$= \boxed{9} + \boxed{6} + \boxed{0}$

$= \boxed{15}$ 個

11. $= \boxed{2} \times \boxed{5} \times \boxed{5}$ **12.** $= \boxed{7} \times \boxed{8}$

$= \boxed{50}$ $= \boxed{56}$

13. $= \boxed{3} \times \boxed{1}$ **14.** $= \boxed{4} \times \boxed{7}$

$= \boxed{3}$ $= \boxed{28}$

15. $= \boxed{3} \times \boxed{4} \times \boxed{4}$ **16.** $= \boxed{2} \times \boxed{6} \times \boxed{6}$

$= \boxed{48}$ $= \boxed{72}$

17.

$= \boxed{1} \times \boxed{2} \times \boxed{2} \times \boxed{2}$

$= \boxed{8}$

18. 768

19. 1014

解説 惑星たちが意味する数は13024（5進法）です。これを10進法にかえて書くと1014になります。

20. 5 **21.** 14 **22.** 16
23. 3 **24.** 9 **25.** 6

解説 たとえば問題20の場合、2進法で表すと101となります。1×2×2＋0×2＋1×1＝5なので、10進法では5となります。

26.

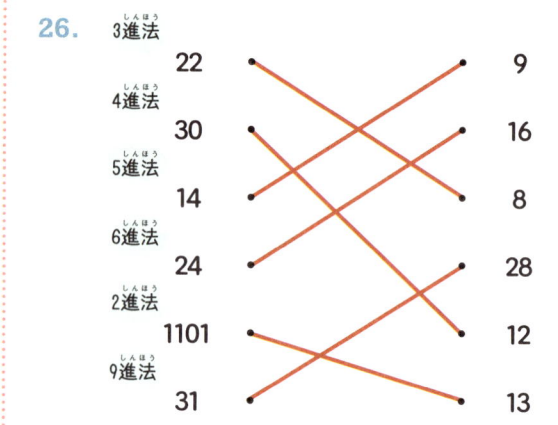

3進法 22	9
4進法 30	16
5進法 14	8
6進法 24	28
2進法 1101	12
9進法 31	13

27. 5

解説 もし6進法だとすると、1×6×6＋2×6＋3×1＝51なので、5進法以下だとわかります。そこで、5進法以下を調べていくと効率よく見つけることができます。

1. 23 **2.** 21 **3.** 111
4. 110 **5.** 6

6. 11 **7.** 21 **8.** 33
9. 20 **10.** 21

1. 103
19 = [4] ×4+ [3]
= [1] ×4×4+ [0] ×4+ [3]

2. 21
15 = [2] ×7+ [1]

3. 144
49 = [9] ×5+ [4]
= [1] ×5×5+ [4] ×5+ [4]

4. 101
37 = [6] ×6+ [1]
= [1] ×6×6+ [0] ×6+ [1]

5. 120
99 = [11] ×9+ [0]
= [1] ×9×9+ [2] ×9+ [0]

6. 1021
34 = [11] ×3+ [1]
= [3] ×3×3+ [2] ×3+ [1]
= [1] ×3×3×3+ [0] ×3×3
+ [2] ×3+ [1]

7. 1101
13 = [6] ×2+ [1]
= [3] ×2×2+ [0] ×2+ [1]
= [1] ×2×2×2+ [1] ×2×2
+ [0] ×2+ [1]

8. 11   9. 1010
10. 25   11. 121

1. 5)31 … [1]
   5)[6] … [1]
      1
   [1][1][1]

2. 7)99 … [1]
   7)[14] … [0]
      2
   [2][0][1]

3. 2)13 … [1]
   2)[6] … [0]
   2)[3] … [1]
      1
   [1][1][0][1]

4. 4)70 … [2]
   4)[17] … [1]
   4)[4] … [0]
      1
   [1][0][1][2]

5. 5)200 … [0]
   5)[40] … [0]
   5)[8] … [3]
      1
   [1][3][0][0]

6. 4)121 … [1]
   4)[30] … [2]
   4)[7] … [3]
      1
   [1][3][2][1]

7. 3)107 … [2]
   3)[35] … [2]
   3)[11] … [2]
   3)[3] … [0]
      1
   [1][0][2][2][2]

8. 2)51 … [1]
   2)[25] … [1]
   2)[12] … [0]
   2)[6] … [0]
   2)[3] … [1]
      1
   [1][1][0][0][1][1]

9. 1110   10. 102   11. 20

P108

12.

3) ? … 2		3) ? … 1
3) 58 … 1		3) 23 … 2
3) 19 … 1		3) 7 … 1
3) 6 … 0		2
2		

身長：176cm ／ 体重：70kg

13. 4進法 = 3201 mm

7 進法 = 441mm

9進法 = 270 mm

10進法 = 225 mm

P109

14. 例

10 ⇒ 〰	人の指は本来10本なので、手の形をかたどってつくった。
11 ⇒ ∪	11を1つの数字にするために1と1を横線でつないだ。
12 ⇒ ⊿	12を1つの数字にするために1と2を合わせた形態で表した。
13 ⇒ ⧖	いちばん大きい数字なため、複雑な形態で表した。

「それならば27はこれからは 1⧖ ってしないとだね」／「80は 5〰 って書かないとだ！」

解説 27は1×14＋13なので、1を意味する数字と13を意味する数字を並べて書きます。80は14×5＋10なので、5を意味する数字と10を意味する数字を並べて書きます。

CHAPTER 4

P112

1. $\dfrac{5}{6}$　　　**2.** $\dfrac{5}{12}$　　　**3.** $\dfrac{3}{8}$

4. 8、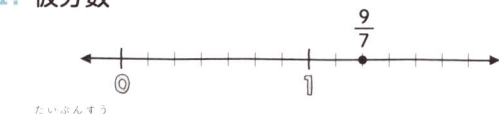

5. 4、

6. 5、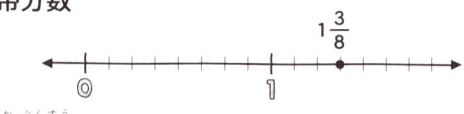

P113

7. 10　　**8.** 4　　**9.** 24

10. 16　　**11.** $\dfrac{7}{10}$　　**12.** $\dfrac{15}{18}$ $\left(\text{または}\dfrac{5}{6}\right)$

13.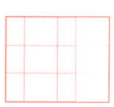

P114

14. b、3、0、0、3

P116

1. 仮分数

$\dfrac{9}{7}$

2. 帯分数

$1\dfrac{3}{8}$

3. 仮分数

$\dfrac{3}{3}$

4. 帯分数　　**5.** 仮分数　　**6.** 仮分数
7. 真分数　　**8.** 帯分数　　**9.** 真分数

P117

10. $2\dfrac{2}{8}$、$\left(\text{または}2\dfrac{1}{4}\right)$、$\dfrac{18}{8}$ $\left(\text{または}\dfrac{9}{4}\right)$

11. $1\dfrac{5}{6}$、$\dfrac{11}{6}$　　　**12.** $3\dfrac{5}{7}$、$\dfrac{26}{7}$

13. $1\dfrac{3}{7}$　　**14.** $1\dfrac{1}{2}$　　**15.** $\dfrac{12}{5}$

16. $1\frac{4}{5}$ 17. $\frac{29}{8}$ 18. $2\frac{5}{6}$

19. $\frac{11}{2}$ 20. $1\frac{3}{4}$ 21. $\frac{22}{9}$

22.

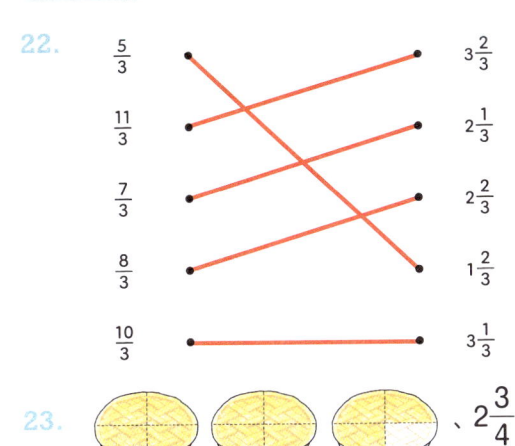

$\frac{5}{3}$ —— $3\frac{2}{3}$

$\frac{11}{3}$ —— $2\frac{1}{3}$

$\frac{7}{3}$ —— $2\frac{2}{3}$

$\frac{8}{3}$ —— $1\frac{2}{3}$

$\frac{10}{3}$ —— $3\frac{1}{3}$

23. 、$2\frac{3}{4}$

1.

2	3	6
↓	↓	↓
$\frac{6}{15}$	$\frac{4}{10}$	$\frac{2}{5}$

2.

3	5	15
↓	↓	↓
$\frac{5}{20}$	$\frac{3}{12}$	$\frac{1}{4}$

3.

2	4	8	16
↓	↓	↓	↓
$\frac{24}{40}$	$\frac{12}{20}$	$\frac{6}{10}$	$\frac{3}{5}$

4.

2	3	6	9	18
↓	↓	↓	↓	↓
$\frac{9}{27}$	$\frac{6}{18}$	$\frac{3}{9}$	$\frac{2}{6}$	$\frac{1}{3}$

5. $\boxed{\frac{1}{2}}$ $\frac{6}{8}$ $\boxed{\frac{9}{10}}$ $\boxed{\frac{4}{15}}$ $\frac{6}{9}$ $\frac{3}{6}$ $\boxed{\frac{2}{7}}$

6. 最大公約数：3

$\frac{15÷3}{21÷3}$、$\frac{5}{7}$

7. 最大公約数：2

$\frac{2÷2}{38÷2}$、$\frac{1}{19}$

8. 最大公約数：5

$\frac{35÷5}{40÷5}$、$\frac{7}{8}$

9. 最大公約数：11

$\frac{33÷11}{77÷11}$、$\frac{3}{7}$

10. 最大公約数：2

$\frac{4÷2}{62÷2}$、$\frac{2}{31}$

11. 最大公約数：13

$\frac{13÷13}{39÷13}$、$\frac{1}{3}$

12. $\frac{6}{9}$、$\frac{2}{3}$

13. $\frac{14}{20}$、$\frac{7}{10}$

14. $\frac{28}{36}$、$\frac{7}{9}$

解説 紙を縦横6マスにわけると全部で36マスになります。

15.

16.

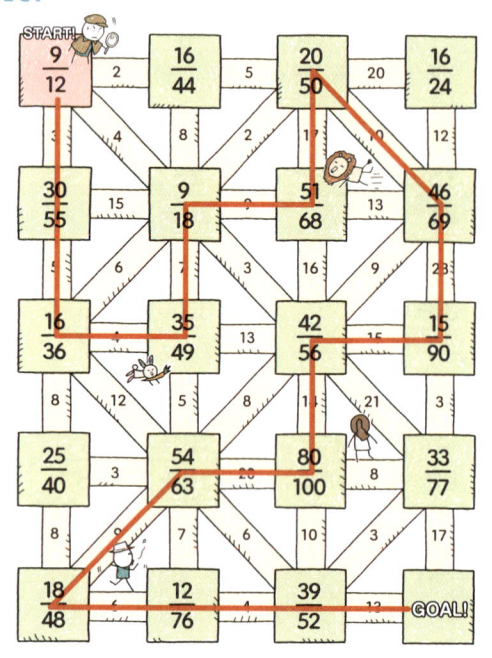

1. $\frac{1}{3} \Rightarrow \frac{1 \times 5}{3 \times 5} \Rightarrow \frac{5}{15}$

$\frac{2}{5} \Rightarrow \frac{2 \times 3}{5 \times 3} \Rightarrow \frac{6}{15}$

2. $\frac{3}{7} \Rightarrow \frac{3 \times 4}{7 \times 4} \Rightarrow \frac{12}{28}$

$\frac{1}{4} \Rightarrow \frac{1 \times 7}{4 \times 7} \Rightarrow \frac{7}{28}$

3. $\frac{1}{6} \Rightarrow \frac{1 \times 3}{6 \times 3} \Rightarrow \frac{3}{18}$

$\frac{2}{3} \Rightarrow \frac{2 \times 6}{3 \times 6} \Rightarrow \frac{12}{18}$

4. $\frac{4}{9} \Rightarrow \frac{4 \times 5}{9 \times 5} \Rightarrow \frac{20}{45}$

$\frac{3}{5} \Rightarrow \frac{3 \times 9}{5 \times 9} \Rightarrow \frac{27}{45}$

5. $\frac{7}{10} \Rightarrow \frac{7 \times 5}{10 \times 5} \Rightarrow \frac{35}{50}$

$\frac{4}{5} \Rightarrow \frac{4 \times 10}{5 \times 10} \Rightarrow \frac{40}{50}$

6. $\frac{3}{4} \Rightarrow \frac{3 \times 8}{4 \times 8} \Rightarrow \frac{24}{32}$

$\frac{3}{8} \Rightarrow \frac{3 \times 4}{8 \times 4} \Rightarrow \frac{12}{32}$

7. $\frac{1}{4} \Rightarrow \frac{1 \times 3}{4 \times 3} \Rightarrow \frac{3}{12}$

$\frac{1}{6} \Rightarrow \frac{1 \times 2}{6 \times 2} \Rightarrow \frac{2}{12}$

8. $\frac{1}{3} \Rightarrow \frac{1 \times 3}{3 \times 3} \Rightarrow \frac{3}{9}$

$\frac{2}{9} \Rightarrow \frac{2 \times 1}{9 \times 1} \Rightarrow \frac{2}{9}$

9. $\frac{1}{2} \Rightarrow \frac{1 \times 5}{2 \times 5} \Rightarrow \frac{5}{10}$

$\frac{7}{10} \Rightarrow \frac{7 \times 1}{10 \times 1} \Rightarrow \frac{7}{10}$

10. $\frac{3}{8} \Rightarrow \frac{3 \times 3}{8 \times 3} \Rightarrow \frac{9}{24}$

$\frac{5}{12} \Rightarrow \frac{5 \times 2}{12 \times 2} \Rightarrow \frac{10}{24}$

11. $\frac{2}{7} \Rightarrow \frac{2 \times 2}{7 \times 2} \Rightarrow \frac{4}{14}$

$\frac{3}{14} \Rightarrow \frac{3 \times 1}{14 \times 1} \Rightarrow \frac{3}{14}$

12. $\frac{3}{10} \Rightarrow \frac{3 \times 3}{10 \times 3} \Rightarrow \frac{9}{30}$

$\frac{4}{15} \Rightarrow \frac{4 \times 2}{15 \times 2} \Rightarrow \frac{8}{30}$

13. 5、12

14. 15、4

15. 33、14

16. 27、12

17. $\frac{25}{40}$、$\frac{6}{40}$、$\frac{32}{40}$

1. >

$\frac{16}{24}$、$\frac{2}{3}$、$\frac{10}{15}$ / $\frac{6}{10}$、$\frac{3}{5}$、$\frac{9}{15}$

2. <

$\frac{4}{16}$、$\frac{1}{4}$、$\frac{7}{28}$ / $\frac{6}{21}$、$\frac{2}{7}$、$\frac{8}{28}$

3. >

$\frac{14}{18}$、$\frac{7}{9}$、$\frac{70}{90}$ / $\frac{14}{20}$、$\frac{7}{10}$、$\frac{63}{90}$

4. $\frac{1}{2}$

5. $\frac{5}{11}$

6. $\frac{3}{13}$

7. $\frac{11}{14}$

8. $\frac{2}{3}$

9. $\frac{7}{8}$

10. $\frac{5}{24}$

11. 4 5

P131

12.
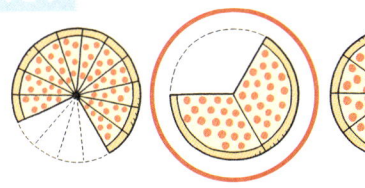

| $\frac{11}{15}$ | $\frac{2}{3}$ | $\frac{7}{10}$ |

13.

$\frac{8}{15}$ 、 $\frac{11}{20}$ 、 $\frac{17}{30}$ 、 $\frac{7}{12}$ 、 $\frac{3}{5}$

P133

1. $\frac{1+4}{7}$ 、 $\frac{5}{7}$

2. $\frac{7-2}{9}$ 、 $\frac{5}{9}$

3. $\frac{4+7}{15}$ 、 $\frac{11}{15}$

4. $\frac{5-3}{11}$ 、 $\frac{2}{11}$

5. $\frac{6+14}{27}$ 、 $\frac{20}{27}$

6. $\frac{20-3}{39}$ 、 $\frac{17}{39}$

7. $\frac{4}{8}$ 、 $\frac{1}{2}$

8. $\frac{12}{16}$ 、 $\frac{3}{4}$

9. $\frac{12}{10}$ 、 $1\frac{1}{5}$ （または $\frac{6}{5}$）

10. $\frac{20}{18}$ 、 $1\frac{1}{9}$ （または $\frac{10}{9}$）

P134

11. $\frac{5}{15}$ 、 $\frac{6}{15}$ 、 $\frac{11}{15}$

12. $\frac{9}{12}$ 、 $\frac{2}{12}$ 、 $\frac{7}{12}$

13. $\frac{10}{12}$ 、 $\frac{1}{12}$ 、 $\frac{11}{12}$

14. $\frac{18}{20}$ 、 $\frac{15}{20}$ 、 $\frac{3}{20}$

15. $\frac{8}{30}$ 、 $\frac{9}{30}$ 、 $\frac{17}{30}$

16. $\frac{36}{39}$ 、 $\frac{26}{39}$ 、 $\frac{10}{39}$

17. 13

P135

18. 3、3、$\frac{2}{5}$ 、 $\frac{3}{8}$ 、6、 $\frac{31}{40}$ 、 $6\frac{31}{40}$

19. 5、2、$\frac{2}{9}$ 、 $\frac{7}{18}$ 、7、 $\frac{11}{18}$ 、 $7\frac{11}{18}$

20. $\frac{8}{5}$ 、 $\frac{5}{3}$ 、 $\frac{49}{15}$ 、 $3\frac{4}{15}$

21. $\frac{17}{6}$ 、 $\frac{13}{8}$ 、 $\frac{107}{24}$ 、 $4\frac{11}{24}$

22. $\frac{11}{2}$ 、 $\frac{12}{5}$ 、 $\frac{79}{10}$ 、 $7\frac{9}{10}$

P136

23. $\frac{7}{10}$ 、 $\frac{1}{8}$ 、 $\frac{5}{16}$ ／ $1\frac{11}{80}$

24. $1\frac{1}{5}$

【解説】郵便局と警察署の間の距離
＝駅と警察署の間の距離－駅と郵便局の間の距離
$= 3\frac{4}{5}$ km $- 1\frac{1}{2}$ km $= 2\frac{3}{10}$ km

ミサキの家と警察署の間の距離
＝郵便局と警察署の間の距離－郵便局とミサキの家の間
の距離 $= 2\frac{3}{10}$ km $- 1\frac{1}{10}$ km $= 1\frac{1}{5}$ km

1. $\dfrac{1}{4}$、$\dfrac{1}{3}$、$\dfrac{1}{12}$ **2.** $\dfrac{5}{6}$、$\dfrac{1}{2}$、$\dfrac{5}{12}$

3. $\dfrac{3}{4}$、$\dfrac{3}{5}$、$\dfrac{9}{20}$ **4.** $\dfrac{2}{3}$、$\dfrac{2}{5}$、$\dfrac{4}{15}$

5.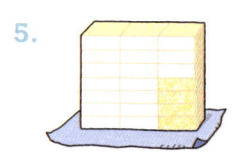

6. $\dfrac{4\times1}{5\times3}$、$\dfrac{4}{15}$ **7.** $\dfrac{1\times1}{4\times3}$、$\dfrac{1}{12}$

8. $\dfrac{3\times3}{7\times4}$、$\dfrac{9}{28}$ **9.** $\dfrac{5\times7}{8\times9}$、$\dfrac{35}{72}$

10. $\dfrac{9\times1}{10\times2}$、$\dfrac{9}{20}$ **11.** $\dfrac{11\times2}{15\times5}$、$\dfrac{22}{75}$

12.

$$\dfrac{2}{5}\times\dfrac{2}{5}=\dfrac{4}{5}$$

$$\dfrac{1}{6}\times\dfrac{7}{15}=\dfrac{7}{80}$$

$$\dfrac{5}{9}\times\dfrac{5}{6}=\dfrac{5}{54}$$

$$\dfrac{3}{10}\times\dfrac{7}{8}=\dfrac{21}{8}$$

$$\boxed{\dfrac{4}{11}\times\dfrac{1}{11}=\dfrac{4}{121}}$$

13.

$$\dfrac{6}{7}\times\dfrac{2}{3}=\dfrac{2\times2}{7\times1}=\dfrac{4}{7}$$

14.

$$\dfrac{2}{9}\times\dfrac{1}{8}=\dfrac{1\times1}{9\times4}=\dfrac{1}{36}$$

15.

$$\dfrac{2}{5}\times\dfrac{5}{3}=\dfrac{2\times1}{1\times3}=\dfrac{2}{3}$$

16.

$$\dfrac{5}{12}\times\dfrac{8}{9}=\dfrac{5\times2}{3\times9}=\dfrac{10}{27}$$

17.

$$\dfrac{20}{33}\times\dfrac{1}{4}=\dfrac{5\times1}{33\times1}=\dfrac{5}{33}$$

18.

$$\dfrac{3}{64}\times\dfrac{16}{25}=\dfrac{3\times1}{4\times25}=\dfrac{3}{100}$$

19. 32

解説

1) $\dfrac{1}{9}$ の分母9が3で約分されて3になるので、🍩$\dfrac{}{17}$ の分子 🍩 も3で約分されていることがわかります。このとき、🍩 が約分された結果が8なので、🍩 が表す数は24です。

2) $\dfrac{8}{17}\times\dfrac{1}{3}=\dfrac{8}{51}$ なので🔷 が表す数は8です。

3) 🍩＋🔷＝24＋8＝32です。

20. $5\dfrac{1}{2}$

解説

1) 花畑の横の長さ＝$3\dfrac{5}{12}$m－$1\dfrac{1}{8}$m＝$2\dfrac{7}{24}$m

2) 花畑の面積＝$2\dfrac{7}{24}$m×$2\dfrac{2}{5}$m

$=\dfrac{55}{24}$m×$\dfrac{12}{5}$m

$=\dfrac{11}{2}$m²$=5\dfrac{1}{2}$m²

21. $45\dfrac{1}{2}$

解説

1) タクミの体重＝$36\dfrac{2}{3}$kg×$1\dfrac{1}{20}$＝$38\dfrac{1}{2}$kg

2) ヒロシの体重　＝$38\dfrac{1}{2}$kg×$1\dfrac{2}{11}$＝$45\dfrac{1}{2}$kg

1. $10 \div 5$、2
2. $3 \div 1$、3
3. $9 \div 3$、3
4. $14 \div 7$、2
5. $22 \div 11$、2
6. $18 \div 2$、9
7. 9

8. $\dfrac{3}{5}$、$\dfrac{4}{3}$、$\dfrac{4}{5}$

9. $\dfrac{2}{3}$、$\dfrac{5}{4}$、$\dfrac{5}{6}$

10. $\dfrac{5}{7}$、$\dfrac{21}{5}$、3

11. $\dfrac{8}{9}$、$\dfrac{15}{2}$、$6\dfrac{2}{3}$

12. $\dfrac{10}{11}$、$\dfrac{3}{2}$、$1\dfrac{4}{11}$

13. $\dfrac{3}{20}$、$\dfrac{10}{9}$、$\dfrac{1}{6}$

14. 8、4

15. $\dfrac{3}{4}$

16. $\dfrac{13}{20}$

17. $\dfrac{1}{3}$

18. $\dfrac{8}{27}$、$\dfrac{4}{9}$、$\dfrac{2}{3}$、1 ／

$\dfrac{16}{25}$、$\dfrac{4}{5}$、1、$1\dfrac{1}{4}$ ／ 2個

CHAPTER 5

1. $\dfrac{9}{10}$、

2. $\dfrac{12}{10}$、

3. $\dfrac{36}{10}$、

4. $\dfrac{7}{100}$、0.07

5. $\dfrac{29}{100}$、0.29

6. $\dfrac{83}{100}$、0.83

7. $\dfrac{5}{10}$、0.5

8. $\dfrac{8}{10}$、0.8

9. $\dfrac{75}{100}$、0.75

10. $\dfrac{35}{100}$、0.35

11. $\dfrac{76}{100}$、0.76

12. $\dfrac{75}{1000}$、0.075

13. $\dfrac{125}{1000}$、0.125

14. $\dfrac{32}{1000}$、0.032

15. $\dfrac{98}{100}$、0.98

16. $\dfrac{132}{1000}$、0.132

17. 0.65

18.

1. $3 \times \dfrac{1}{10}$、0.3

2. $2 \times \dfrac{1}{10}$、0.2

3. $4 \times \dfrac{1}{10}$、0.4

4. $5 \times \dfrac{1}{10} \times \dfrac{1}{10}$、0.05

5. $3 \times \dfrac{1}{10} \times \dfrac{1}{10}$、0.03

6. $9 \times \dfrac{1}{10} \times \dfrac{1}{10}$、0.09

7. $5 \times \dfrac{1}{10}$、0.5

8. $9 \times \dfrac{1}{10} \times \dfrac{1}{10}$、0.09

9. $3 \times \dfrac{1}{10} \times \dfrac{1}{10} \times \dfrac{1}{10} \times \dfrac{1}{10}$、0.0003

10. $4 \times \dfrac{1}{10} \times \dfrac{1}{10} \times \dfrac{1}{10}$、0.004

11. > 12. > 13. <
14. > 15. < 16. >
17. < 18. >
19. 27.0 ╱ 27.04 ╱ 27.046 ╱ 27.1 ╱
27.107

20.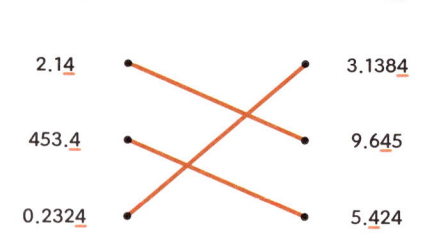

21. 76.31 ╱ 1.36 ╱ 7.3

1. $\dfrac{8}{10}$、$\dfrac{17}{10}$、$\dfrac{25}{10}$、2.5

2. $\dfrac{30}{100}$、$\dfrac{5}{100}$、$\dfrac{35}{100}$、0.35

3. $\dfrac{28}{100}$、$\dfrac{14}{100}$、$\dfrac{14}{100}$、0.14

4. $\dfrac{13}{10}$、$\dfrac{9}{10}$、$\dfrac{4}{10}$、0.4

5. $\dfrac{502}{10}$、$\dfrac{37}{10}$、$\dfrac{539}{10}$、53.9

6. $\dfrac{606}{100}$、$\dfrac{80}{100}$、$\dfrac{526}{100}$、5.26

7. $\dfrac{427}{100}$、$\dfrac{419}{100}$、$\dfrac{8}{100}$、0.08

8. $\dfrac{770}{100}$、$\dfrac{35}{100}$、$\dfrac{805}{100}$、8.05

9. 2.6

10.
```
    1 . 5
 +  2 . 9
    4 . 4
```

4.4

11.
```
    3.3
  - 2.7
    0.6
```
0.6

12.
```
    4.8
  + 5.0
    9.8
```
9.8

13.
```
    5.8 7
  + 3.2 4
    9.1 1
```
9.11

14.
```
    2 1.4
  -     1.9
    1 9.5
```
19.5

15.
```
      7.2
  + 1 4.9
    2 2.1
```
22.1

16.
```
    8.2
  - 1.3 9
    6.8 1
```
6.81

P158

17. 6.9 ／ 7.2 ／ 6.8 ／ 0.4

18. 32.7

解説 チューリップの花壇の2辺の長さはそれぞれ5.4mで、周りが18.1mなので、残りの辺の長さは18.1−5.4−5.4＝7.3mです。

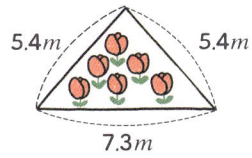

5.4m　5.4m
7.3m

よって、花壇全体の周りの長さは、5.4＋14.6＋5.4＋7.3＝32.7mです。

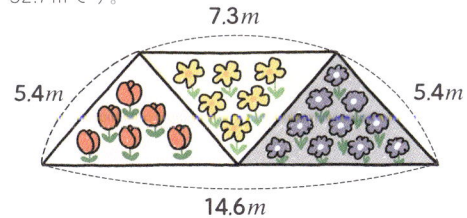

7.3m
5.4m　5.4m
14.6m

P160

1. $\dfrac{3}{10}$、$\dfrac{15}{10}$、$\dfrac{45}{100}$、0.45

2. $\dfrac{1}{10}$、$\dfrac{7}{10}$、$\dfrac{7}{100}$、0.07

3. $\dfrac{16}{10}$、$\dfrac{21}{10}$、$\dfrac{336}{100}$、3.36

4. $\dfrac{42}{10}$、$\dfrac{8}{10}$、$\dfrac{336}{100}$、3.36

5. $\dfrac{112}{100}$、$\dfrac{2}{10}$、$\dfrac{224}{1000}$、0.224

6. $\dfrac{104}{100}$、$\dfrac{11}{10}$、$\dfrac{1144}{1000}$、1.144

7. $\dfrac{25}{10}$、$\dfrac{314}{100}$、$\dfrac{7850}{1000}$、7.85

8. $\dfrac{76}{10}$、$\dfrac{5}{100}$、$\dfrac{380}{1000}$、0.38

9. 0.12

P161

10. 1、1、2
```
      0.7
  ×   9.4
      2 8
    6 3
    6.5 8
```

11. 1、1、2
```
      4.5
  ×   1.6
    2 7 0
    4 5
    7.2
```

12. 2、1、3
```
      3.4 3
  ×     2.8
    2 7 4 4
    6 8 6
    9.6 0 4
```

13. 1、1、2
```
    1 0.7
  ×   5.2
    2 1 4
    5 3 5
    5 5.6 4
```

14. 2、1、3
```
    2.2 5
  ×   3.4
    9 0 0
    6 7 5
    7.6 5
```

15. 13.23

16. 20.4

解説 リビングの面積＝4.2×7−2.5×3.6＝20.4㎡

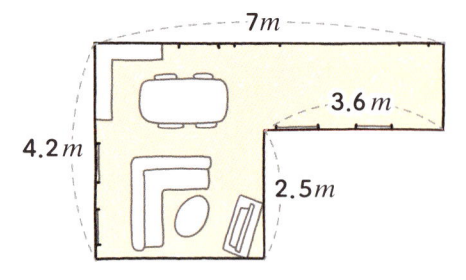

1. $\dfrac{8}{10}$、$\dfrac{2}{10}$、8、2、4

2. $\dfrac{15}{10}$、$\dfrac{3}{10}$、15、3、5

3. $\dfrac{42}{10}$、$\dfrac{21}{10}$、42、21、2

4. $\dfrac{54}{10}$、$\dfrac{18}{10}$、54、18、3

5. $\dfrac{3}{100}$、$\dfrac{1}{100}$、3、1、3

6. $\dfrac{75}{100}$、$\dfrac{15}{100}$、75、15、5

7. $\dfrac{144}{100}$、$\dfrac{12}{100}$、144、12、12

8. $\dfrac{655}{100}$、$\dfrac{131}{100}$、655、131、5

9. 8

解説 5＋11.9＋4.7＝21.6
21.6÷2.7＝8

10. 3.78 ÷ 1.8

$$18\overline{)37.8}$$
商 2.1
36
18
18
0
答え 2.1

11. 9.43 ÷ 2.3

$$23\overline{)94.3}$$
商 4.1
92
23
23
0
答え 4.1

12. 0.513 ÷ 0.27

$$27\overline{)51.3}$$
商 1.9
27
243
243
0
答え 1.9

13. 0.864 ÷ 0.36

$$36\overline{)86.4}$$
商 2.4
72
144
144
0
答え 2.4

14. 30 ÷ 1.2

$$12\overline{)30.0}$$
商 2.5
24
60
60
0
答え 2.5

15. 90 ÷ 7.5

$$75\overline{)90.0}$$
商 1.2
75
150
150
0
答え 1.2

16. 600 ÷ 3.75

$$375\overline{)600.00}$$
商 1.6
375
2250
2250
0
答え 1.6

17. 300 ÷ 1.25

$$125\overline{)300.00}$$
商 2.4
250
500
500
0
答え 2.4

18. 3.6

19. 151.2

解説 列車の速度 = 604.8 ÷ 4 = 151.2km/ h

20. 212.6

解説 2時間30分 = 2と$\frac{30}{60}$時間 = 2と$\frac{1}{2}$時間 = 2.5時間
列車の速度 = 531.5 ÷ 2.5 = 212.6km/ h

21. 185.5

解説 3時間12分 = 3と$\frac{12}{60}$時間 = 3と$\frac{1}{5}$時間 = 3.2時間
列車の速度 = 593.6 ÷ 3.2 = 185.5km/ h

22.

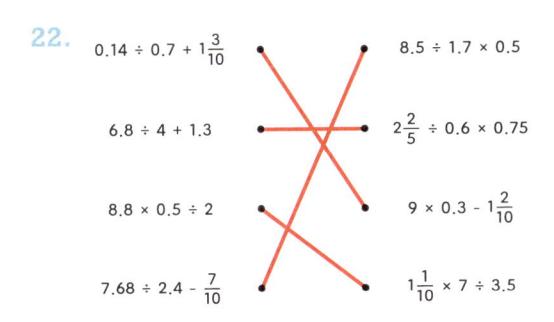

23.

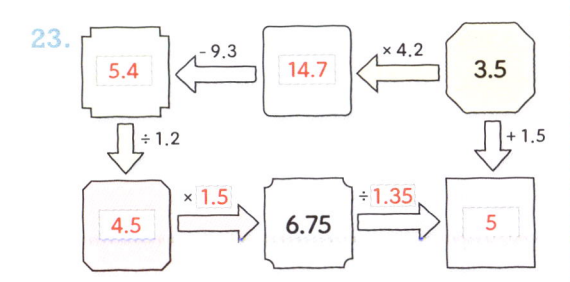

24.

$$35 \div 5 = 7 \Rightarrow 3.5 \div 0.5 = 7 \times \boxed{\frac{1}{10}} \times \boxed{10} = \boxed{7}$$

25.

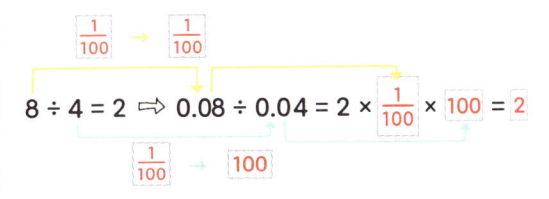

$$8 \div 4 = 2 \Rightarrow 0.08 \div 0.04 = 2 \times \boxed{\frac{1}{100}} \times \boxed{100} = \boxed{2}$$

26.

$$42 \div 7 = 6 \Rightarrow 4.2 \div 0.7 = 6 \times \boxed{\frac{1}{10}} \times \boxed{10} = \boxed{6}$$

1. 0.777777… ╱ 0.$\dot{7}$

2. 0.855555… ╱ 0.8$\dot{5}$

3. 0.925925… ╱ 0.$\dot{9}$2$\dot{5}$

4. 0.141414… ╱ 0.$\dot{1}\dot{4}$

5. 0.2499999… ╱ 0.249$\dot{9}$

6. 3.8515151… ╱ 3.8$\dot{5}\dot{1}$

7. 47.732732… ╱ 47.$\dot{7}$3$\dot{2}$

8. 88.888888… ╱ 88.$\dot{8}$

9. 57.392392… ╱ 57.$\dot{3}$9$\dot{2}$

10. 0.24787878… ╱ 0.24$\dot{7}\dot{8}$

11. 5、2

12. 8

13. 9、6

14.

178.5	8271.272727	57.4$\dot{8}$
2.5$\dot{6}\dot{2}$	4.555555…	583.838383
0.97$\dot{9}$	5.8	107.495495…

205

P173

15. $\dfrac{45}{100}$、0.45   16. $2 \div 9$、$0.\dot{2}$

17. $\dfrac{25}{100}$、0.25   18. $\dfrac{625}{1000}$、0.625

19. $2 \div 3$、$0.\dot{6}$ 20. $5 \div 12$、$0.41\dot{6}$

21. $\dfrac{104}{1000}$、0.104   22. $4 \div 15$、$0.2\dot{6}$

23. $\dfrac{68}{100}$、0.68

P175

1. 10   2. 10   3. 100   4. 100

5. 10、2.222222…

6. 10、64.444444…

7. 100、1234.343434…

8. 100、981.818181…

9. 1000、140.140140…

10. 1000、28974.974974…

P176

11. 10、10、9、$\dfrac{7}{9}$、$\dfrac{7}{9}$

12. 100、100、99、$\dfrac{4}{33}$、$\dfrac{4}{33}$

P177

13. 10、10、9、$8\dfrac{2}{9}$、$8\dfrac{2}{9}$

14. 100、100、99、$1\dfrac{25}{33}$、$1\dfrac{25}{33}$

15. 1000、1000、999、$\dfrac{41}{111}$、$\dfrac{41}{111}$

P178

16. $12\dfrac{31}{33}$

解説 0.111111…は$\dfrac{1}{9}$で、0.666666…は$\dfrac{2}{3}$なので

🫛 は1を意味し、🫘 は9を意味し

🫘 は2を意味し、🥔 は3を意味します。

よって、器のなかの豆は$12.\dot{9}\dot{3}$を意味します。

17. | 2.9 | | 0.999999… |

解説 $2.\dot{9}$を分数で表すと$\dfrac{27}{9}$（$=\dfrac{3}{1}$）で、3と同じです。
0.999999…を分数で表すと$\dfrac{9}{9}$（$=\dfrac{1}{1}$）で1と同じです。

P179

18. 10、100

19. 100、1000

20. 10、100

21. 10、1000

22. 10、0.33333…、3.33333…、100

23. 10、89.66666…、896.66666…
    100

24. 100、4.77777…、47.77777…、1000

25. 10、56.232323…、5623.232323…、
    1000

P180

26. 10、100, 100、10、90、$\dfrac{7}{90}$、$\dfrac{7}{90}$

27. 10、100, 100、10、90、$\dfrac{22}{45}$、$\dfrac{22}{45}$

P181

28. 10、100, 100、10、90、$1\dfrac{11}{45}$、$1\dfrac{11}{45}$

29. 10、1000, 1000、10、990、$\dfrac{13}{990}$、$\dfrac{13}{990}$

30. 10、1000, 1000、10、990、$\dfrac{21}{110}$、$\dfrac{21}{110}$

P182

31.

解説 分数にかえたときに分母が90になる循環小数は、0.0̇7̇、0.9̇2̇、1.7̇4̇、4.3̇2̇、1.3̇4̇となります。この5つの数字を順に線で結びます。

ゼロからわかる！

みるみる数字に強くなる完全ドリル

Team. StoryG（チームストーリージー）

さまざまな分野のストーリー作家たちが集まったオールドステアズ（Oldstairs）コンテンツ制作チーム。子どもから大人まで、誰にでもおもしろくてためになりそうな、楽しめるコンテンツを研究している。単に情報を伝えるだけではなく、子どもたちの想像力を引き出し、大人たちの眠っていた好奇心を呼び覚ますような多彩な本を手がける。

オ・ヨンア（呉永雅）

翻訳家。在日コリアン三世。慶應義塾大学卒業。梨花女子大通訳翻訳大学院博士課程修了。2007年、第7回韓国文学翻訳新人賞受賞。2023年『かけがえのない心』で韓国文学翻訳賞大賞受賞。梨花女子大通訳翻訳大学院講師、韓国文学翻訳院翻訳アカデミー教授。訳書にイム・ソヨン『神秘的じゃない女たち』（柏書房）、イ・ダヘ『仕事帰りの心』（かんき出版）、ファン・ジョンウン『百の影』パク・サンヨン『大都会の愛し方』（共に亜紀書房）などがある。

읽으면 수학천재가 되는 만화책 워크북: 초등A

Math genius cartoon book workbook :Elementary A
© Team. Story G 2022
Japanese translation rights arranged with OLD STAIRS
through Japan UNI Agency, Inc., Tokyo

ゼロからわかる！
みるみる数字に強くなる完全ドリル
2025年4月17日　第1刷発行

著者	Team. StoryG
訳者	オ・ヨンア
発行者	鉄尾周一
発行所	株式会社マガジンハウス
	〒104-8003
	東京都中央区銀座3-13-10
	書籍編集部 ☎03-3545-7030
	受注センター ☎049-275-1811
印刷・製本	三松堂株式会社
装丁	小口翔平＋青山風音（tobufune）
DTP	茂呂田剛、畑山栄美子（エムアンドケイ）

ⓒYoung A Oh, 2025 Printed in Japan
ISBN978-4-8387-3315-6 C0041

マガジンハウスのホームページ　https://magazineworld.jp/